美丽的数学

[美] 爱德华·沙伊纳曼

——— 著

张缘 ——— 译

THE
MATHEMATICS
LOVER'S
COMPANION

Edward
Scheinerman

MASTERPIECES FOR EVERYONE

湖南科学技术出版社 博集天卷 CS-BOOKY

乐趣

　　数学，有趣而美妙。在不同门类的学科里，都有人们熟悉的"代表作"。美术有《蒙娜丽莎》，戏剧有《哈姆雷特》，生物学有遗传DNA，考古学有对罗塞塔石碑的破译，物理学有方程式 $E = mc^2$。但是，数学方面很难说得明确——我想要与您分享的正是我自己最钟爱的那些数学经典。

　　正如拥有大量馆藏的美术博物馆只能展览部分作品一样，作为这本书的"馆长"，我也只能精心选出部分内容呈现在这里。

　　没有人要求我只能展示一枚数学珍宝，不过要真是那样，我也有自己的选择，那就是：对质数有无限多的证明。而这也勾勒出我对这本书的主题进行取舍的原则：

对某些人而言，将数学描述为"快乐"和"美丽"可能看起来不对劲，但是我们不该将精彩的数学与烦琐的算术混为一谈，就如同不应该将阅读伟大的文学作品与学习拼写时的死记硬背等同视之。

关于质数有无限多的证明，见本书第1章。

※ 如果你不是数学家，恐怕会感到陌生。读者或许听说过质数这个概念，但恐怕没有思考过"到底有多少个质数？"这个问题。

※ 强调证明（proof）这个概念，特别是利用反证法（proof by contradiction）去证明。

※ 不需要大学程度的数学能力，只要利用高中生常用的数学工具，我们就可以解决书中所有的问题。

※ 答案不是很明显，而且会带给你惊喜——我们很容易理解有无数的偶数和正方形，质数的排列却并不存在一个清晰的定式，但是你会惊讶地发现，只需要一个简单的理由，就能必然推导出质数有无限多的结论。

※ 存在着实际的应用：质数的这一特性被密码学所运用。

尽管本书所涉及的各类专题不一定同时具备上述全部特征，但每一章都将包含数学的神奇之处，肯定能够让读者感到惊讶和好奇。

1940年，英国数学家戈弗雷·H. 哈代（Godfrey H.Hardy）出版了《一个数学家的辩白》（*A Mathematician's Apology*），从他的个人角度阐释了毕生数学研究的正当理由。在他的《辩白》中，哈代解释了自己所经历的喜悦和满足。不过解释数学带来的喜悦就如同想要解释游泳带来的乐趣：除非一个人可以漂浮一小会儿，并在清凉的水中扑腾几下，否则很难理解游泳的乐趣。

我担心许多人所接受到的数学教育是枯燥和乏味的。想象一下，如果孩子们的阅读教育主要集中在学习拼写和标点符号上，而不是阅读《哈利·波特》或者着手创作属于自己的故事，那么这几乎很难激发起学生对于文学的热爱。

以下是一些人可能会对自己所接受的数学教育所进行的滑稽描述：

※ 在小学时，我有10个橘子，但有人拿走了3个。他们为什么这么做？我本来也会分享的啊。

※ 在初中时，我找到了公分母，以及百分比。

※ 在高中时，我学到了二次方程式，我仍然可以背出来——但是我不知道这有什么意义。

$$\frac{-b \pm \sqrt{b^2 - 4ac}}{2a}$$

当然，数学有很强的实际应用价值，但数学也有其深刻的美。我们的目标就是与读者们分享一点这样的美好。

概述

数学是关于数字和形状的研究。因此，我选取了这两个概念作为本书前两部分的主题。

在第一部分"数"中，我们将探索一些特定数字（如$\sqrt{2}$和e）以及数列（如质数和斐波那契数列）。我们为读者准备了很多惊喜，例如一个无穷（infinity）怎么样可以比另一个无穷"更加无穷"，以及为什么有更多的数字以1开头，而不是9。

在"形状"部分，我们将见到一些熟悉的朋友（如三角形和圆形），还有三维图形（柏拉图式立体）和大于一维但小于二维的形状（分形）。还有许多惊喜在前方等着你。例如，我们很容易理解该如何用正方形

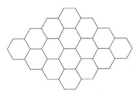

用正六边形平铺

或正六边形来铺地板，但其实使用正五边形也"可能"做到。你感到惊讶吗？好奇吗？这是我所希望见到的。

我们以"不确定性"作为本书的最终部分，探讨随机的、不可预知的和违反常理的问题。高精度的医学测试给出的结果为何通常是错误的呢？排名有没有意义？当两名以上候选人竞选时，选举公职人员的"最佳"方式是什么？与前面的内容一样，惊喜依旧在向你招手。

有些章节确实提到了之前的内容，但它们之间相互依赖的程度是很微弱的。

这本书里的每一章都是独立的，你可以按任何顺序随时阅读。内容的难度各不相同，暂时跳过更具挑战性的部分，等稍后再重新拾起，也是不错的选择。

如何阅读一本数学书

慢慢来。本书中的章节都很短，但需要时间和精力来掌握这些观点。我经常给出一些计算或代数来支撑各个要点，读者可以通过铅笔和稿纸分步骤进行运算，以便更好地了解整个过程。有时也可能需要重读几遍材料才能搞明白。

如果可能，请不要独自阅读本书。叫上一个朋友，一起讨论书中的观点。为了让朋友理解你的观点，你必须要认真复述书中的内容，这将有助于你对这些概念的理解。

在每一个章节中，比较复杂的观点都安排在后面。因此，如果读到一半你感觉"已经差不多了"，那么也可以开始阅读另外一章。

一个引子

你也许看到过这么一个方程式：

$$(x^2+y^2-1)^3=x^2y^3$$

哪对数字（x，y）可以满足这个方程？例如，当 $x=1$ 且 $y=0$ 时，那么方程式的两边都等于相同的数字，即0。同样，当 $x=-1$ 且 $y=1$ 时，方程式的两边都等于1。换句话说，（1,0）和（-1,1）都是这个方程的解。请注意（0，0）不是解。

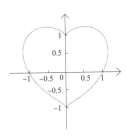

这个方程有无穷多的解，其中包括：

$$x=0.70711\cdots 且 y=-0.41401\cdots$$

如果这样，方程式的两边等于 -0.03548…。

尽管这个方程的解有无穷多，我们依然可以通过绘制这个方程的图形将解可视化。这意味着在（x，y）的坐标平面图中用点标出方程式所有的解。当我们标注完时，平面图上会出现一个图像，这就是右边你所看到的心形曲线。

你是不是已经有些爱上数学了？等读完这本书后，你一定会的！

致谢

特别感谢丹尼（Danny）对这本书的英文书名提出的建议，感谢约拿（Jonah）在第7章绘制的望远镜。

我想感谢在本书筹备过程中给我积极反馈以及为我提供建议的人，他们的帮助令我受益匪浅。这些人包括了：莫迪凯·莱维-艾歇尔（Mordechai Levy-Eichel），乔舒亚·明金（Joshua Minkin），约尼·纳迪夫（Yoni Nadiv），埃米·沙伊纳曼（Amy Scheinerman），丹尼尔·沙伊纳曼（Daniel Scheinerman），乔纳·沙伊纳曼（Jonah Scheinerman），莱奥拉·沙伊纳曼（Leora Scheinerman），内奥米·沙伊纳曼（Naomi Scheinerman）和瑞秋·沙伊纳曼（Rachel Scheinerman），他们对早期的书稿做出了评论，并提出了有用的建议。

在评估本书以备出版的过程中，我收到了一些审稿人的积极反馈，其中绝大多数反馈都是匿名的，但还是有些人很高兴告诉我他们的身份（和善意的评论）。感谢克里斯托夫·博格斯（Christoph Börgers），安娜·拉-萧斯卡（Anna La-chowska）和贾亚德夫·阿瑟里亚（Jayadev Athreya）的反馈，以及他们对本书的热情。

我同样要向阿特·本杰明（Art Benjamin）致谢，他向我提供了第19章中德州扑克的材料。这个例子可以在斯图尔特·*N.* 埃蒂尔（Stewart N. Ethier）2010年春出版的《机会原则：赌博的概率方面》（*The Doctrine of Chances*: *Probabilistic Aspects of Garnbling*）中找到。

最后，非常感谢耶鲁大学出版社给予本书英文版的所有帮助。首先，感谢我的编辑乔·卡拉米亚（Joe Calamia）的热情，他向我提供了很多有用的建议，并不厌其烦地回答我的问题。还要感谢安-玛丽·因博尔诺妮（Ann-Marie Imbornoni），她为编辑定稿提供了有力支持，感谢利兹·凯西（Liz Casey）对稿件进行的编辑，感谢伊娃·斯凯维斯（Eva Skewes）在行政工作上提供的支持，感谢索妮亚·香浓（Sonia Shannon）的版式设计，以及托马斯·斯塔尔（Thomas Starr）赏心悦目的封面设计。

前言：定理与证明 | Preface

> "美就是真理，真理就是美"，这包括了你们所知道和该知道的一切。
>
> ——约翰·济慈，《希腊古瓮颂》

> "美是首要的试金石，丑陋的数学不可能永存。"
>
> ——戈弗雷·哈代，《一个数学家的辩白》

当我们说一些事情为真（true）时，我们是指什么？在科学中，真理通常以实验的形式通过观察来证明。我们知道行星在椭圆轨道上围绕太阳运动，这得益于约翰内斯·开普勒对第谷·布拉赫的测量结果殚精竭虑地思考；我们知道在真空中，光的速度是一个常数，这也是通过一遍又一遍的直接测量才得出的结论。

然而事实证明，行星轨道并不是完全椭圆的，因为它们的引力场彼此相互作用，而且不仅仅受到太阳的引力影响。我们也不知道我们所处的星系中，光速是否与仙女座星系当中的相同，因为我们没有冒险前往那里进行测量。

在科学中，真理（truth）不是绝对的；它是一个不断改进的近似序列。我们认为地球是平的，对大多数日常事务来说，这是一个非常好的近似。但是，一旦我们然而地球是椭球体的论断也不是完全正确的：它没有考虑山脉和山谷。

想要去往离家十分遥远的地方，那个近似会令我们失望。一个更好的说法是，地球是一个球体，而且运行良好。更棒的是，当我们踏上全球旅行，就会得到一个更好的发现，即地球是椭球体：赤道周围的圆周比通过两极的圆周稍大一些。这种形状先有理论的预测，然后通过测量得以验证。

另一方面，在数学上，真理是绝对的。当我们断言两个奇数的和是偶数时，我们的意思是这个论断永远是真的，100%正确。我们怎么知道的？因为我们可以证明。

数学证明源自完全的确定。其他使用证明的领域，例如，DNA证据可以作为确定有罪或无罪的证据。但这不是绝对的。测试是高度准确的，但并非完全准确。从犯罪现场收集的DNA可能会受到污染。犯罪者可能是双胞胎其中的某一个人。在犯罪现场寻找DNA不会告诉我们被告在该地点的行为，只是他/她的DNA被发现在那里而已。

在数学中，真理及其检验的标准是绝对的。真实的数学论断被称为定理（theorems）。有一个简单的例子：两个奇数的和是偶数。例如，3是奇数，11是奇数，所以它们的和3+11=14是偶数。两个奇数之和是偶数的论断绝对正确且没有例外。

那我们是怎么知道的呢？我们当然可以一遍又一遍地将一对奇数相加，并且在每种情况下都会观察到偶数的结果。但这是科学的工作方法，而不是数学的。我们绝对肯定这个定理是真实的，因为我们可以给出证明。

为了说明，我们在这里给出证明。首先，我们需要准确地说明奇数和偶数的含义。以下是定义：

※ 如果我们可以找到一个整数a，满足$X=2a+1$，则整数X被称为奇数。例如，13是奇数，因为我们可以将13表示为$2×6+1$。

※ 如果我们可以找到一个整数a，满足$X=2a$，则整数X被称为偶数。所以，一个偶数可以说是将一个整数加倍的结果，这是一种复杂的表达方式。例如，20是偶数，因为$20=2×10$。

通过这些定义，我们就可以证明两个奇数的和是偶数这一定理。

证明如下。设X和Y为奇数。这意味着$X=2a+1$且$Y=2b+1$，其中a和b是整数。X和Y的和可以用代数形式表示：

$$X+Y=（2a+1）+（2b+1）=2a+2b+2=2（a+b+1）$$

注意$X+Y$是整数的2倍，即2倍的$a+b+1$。因此$X+Y$是偶数。

创建证明是有挑战性的，但比阅读别人的证明更加令人愉快，所以我邀请你尝试：证明当两个奇数相乘时，结果也是奇数。自己尝试一下，然后在下一页与我们的答案进行比较。

数学的其他定理更有趣，其证明更复杂，但目标是一样的：建立一个具有100%确定性的数学事实。

综上所述：

注意，证明不是一堆方程式。它是一个由完整的句子组成的论文，它将我们从假设（X和Y是奇数）逐步引向一个必然的结论（$X+Y$是偶数）。

提示：你的证明的第一句应该是"设X和Y是奇数"。你证明的最后一句应该是"因此$X×Y$是奇数"。

定理是关于数学的陈述，它可以通过证明得出其真实性是无可争议的。

有趣的定理是美丽的。当你探索这本"锦囊"时，我希望你能认识并享受数学之美。

最后的话

数学家渴望听到的三个字是什么？

当然，我们和任何人一样喜欢"我爱你"，但在数学世界里，这句具有魔力的短语是"quod erat demonstrandum"。这个拉丁语短语可以粗略地翻译成"这就是我们的证明"，通常写在数学证明的尾段。然而，很少有人会完整地写出这些单词，而仅使用首字母的缩写"QED"。可悲的是，即使是这种缩写也不再流行，而现今的时尚是用一个符号，比如一个小方块"□"来标记一个证明的结尾。

证明奇数整数的乘积是奇数。

证明如下。 设 X 和 Y 为奇数。这意味着 $X=2a+1$ 且 $Y=2b+1$，其中 a 和 b 是整数。X 和 Y 的乘积可以用代数形式表示如下：

$$XY=(2a+1)(2b+1)=4ab+2a+2b+1=2(2ab+a+b)+1$$

注意，XY 可以以 $2c+1$ 的形式表示，其中 $c=2ab+a+b$ 是整数。因此 XY 是奇数。

第一部分 | 数

美丽的数学

1234567890

1. 质数

费曼语录:"所有事物都是由原子组成的——原子由更小的粒子组成,它们永恒地运动着,相互吸引又相互排斥,防止融为一体。"

物理学家理查德·费曼(Richard Feynman)认为,如果人类即将失去所有的科学知识,而只能将一个关于科学的语句留给这个后殖民世界,那应该是描述物质如何由原子所构成的一句话。本着这种精神,如果我们只能将一点点数学知识传给后代,则应该是下面这个问题的解答:究竟有多少质数?

整数

数学思想从计数开始。我们日常用来计算的数字是熟悉的:1,2,3,等等。因为不存在而无法计数的——但需要给这个不存在一个数字符号——指向了数字0。当我们把这些自然数相加或相乘,结果总是得到另一个自然数。但减法给我们带来了一些麻烦:当我们从5中减去3,5-3,这没问题。但是如果我们用另一种思路来做减法3-5,其结果就不是一个自然数。为了解决这个问题，我们制造了负数-1，-2，-3，等等。

总的来说，所有这些正数、负数与0，统统被称为整数。数学家们使用固定的大写Z来表示所有整数的集合：

$$\mathbb{Z} = \{\cdots, -4, -3, -2, -1, 0, 1, 2, 3, 4, \cdots\}$$

分数是由整数导致的问题。虽然我们可以将两个整数相加、相减或相乘，并确保其结果是整数，但是两个整数相除的结果可能不是一个整数。

已知两个正整数为a和b，如果$a \div b$的结果是一个整数，我们就说a可以被b整除。我们也可以说b是a的因数，或者说b是a的约数。

例如，24可以被6整除（因为$24 \div 6$的结果是一个整数），但是24不能被7整除（因为$24 \div 7$的结果不是整数）。每个正整数本身都可以被自己整除：如果a是一个正整数，那么$a \div a = 1$，1当然是一个整数。每个正整数都可被1整除，因为如果a是正整数，则$a \div 1 = a$。

如果一个正整数只包含两个正约数——1和它本身，这个数字就被称为质数。

比如，17就是一个质数，因为它的正除数是1和17。同样，2也是质数。

相对应的，18不是质数，因为它除了可以被1和它自身整除之外，还可以被2，3，6和9整除。那些与18相似特性的数字被称为合数。准确地说，合数是指除了1和它本身之外，还可以被其他为单独的一个数（1）创建一个类别名称（幺元）有点奇怪。事实上，"幺元"这个术语在高级数学中有着更广泛的指代，不过当适用于正整数时，它仅指1这个数。

正整数整除的正整数。

这个分类方式将除了1之外的正整数分为了质数与合数。我们称1为幺元（unit）。正如一些人因为冥王星不被认为是一颗行星而感到烦恼，也有一些人因为1不被认为是质数的事实而感到被"冒犯"。我们将解释为什么1拥有自己独立的类别。

总而言之，我们有三类正整数：

- 只有一个正约数的*幺元*，
- 拥有两个正约数的*质数*，
- 拥有三个或更多正约数的*合数*。

注意，1是正整数中唯一的幺元，而合数是无限多的，数字4、6、8、10、12，等等，都是合数（远不止这么多）。

那么，质数有多少个呢？

因数分解

因数分解是将正整数表示为因数的乘法的过程。以数字84为例，我们可以用几种不同的方式分解出84的因数，如：

$$2 \times 42，3 \times 28，12 \times 7，2 \times 6 \times 7 和 21 \times 4$$

把84进行因数分解的最终方法是将所有的项都分解为质数，如：$84 = 2 \times 2 \times 3 \times 7$。因为每一项都是质数，所以我们不能再对这些因数进行更小的分解。当然，我们也可以将额外的因数1包括进去，比如：

$$84 = 1 \times 1 \times 2 \times 2 \times 3 \times 7$$

但这额外的项将表达式变得更为冗长，而非简化，并且它们也无法将任何项分解成更小的因数。

我们再举另一个例子：120。我们可以先把120分解为 12×10，然后再分别将12和10分解为 $2 \times 2 \times 3$ 和 2×5，于是：

$$120 = (2 \times 2 \times 3) \times (2 \times 5) \qquad (A)$$

或者，我们可以从 $120 = 4 \times 30$ 开始，然后得出 $4 = 2 \times 2$ 和 $30 = 2 \times 3 \times 5$。于是：

$$120 = (2 \times 2) \times (2 \times 3 \times 5) \qquad (B)$$

重要的是，除了出现的顺序不同，表达式（A）和（B）中的因数是一样的。图形展示如下。

这就是我们将整数1排除在质数的定义之外的原因。我们将质数看作是通过乘法构建任何正整数的无法再简化的数字。数字1在这方面是没有意义的。

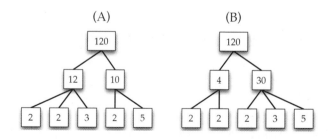

任何将120转变为质数乘积的方法都会产生

定理是关于数学的陈述，可以用反证法证明。

定理完全不同于科学理论，后者是由实验证据支持的物理世界在某方面的模型或解释。它与数学理论也不相同，后者是在一个特定主题下的定义和定理。

我们不介绍算术基本定理的证明。这在大多数关于数字理论的书籍中都可以找到：整数属性的数学研究。一个数的0次方，是空积的一个例子。根据定义，10^n是将10乘以自身n次的结果。在$n=0$的情况下，10^0等于1：没有任何项相乘的结果！

完全相同的结果。

这个唯一分解（unique factorization）的性质建立在以下定理中。

定理（算术基本定理）
每个正整数都可以被因式分解为质数，并且这种分解是唯一的（除了因数的顺序）。

做几点解释，对于一个数字，比如30，上述定理的含义很容易弄明白，我们可以将30分解为因数$2 \times 3 \times 5$或$5 \times 3 \times 2$，这些因数是相同的——除了各项的顺序。但对于如13这样的质数，13唯一的因式分解就是被其本身分解。那1呢？一般来说，一个空积（empty product）等于1；也就是说，没有任何项的乘法问题最终值为1。

通过将质数组合在一起，我们构建出所有正整数。质数是乘法的原子。

有多少？

让我们回到最开始的问题：有多少质数？答案如下：

定理
质数的数量是无限多的。

这个结果归功于欧几里得。他的证明是数学瑰宝。我们不能通过收集数据来证明这个定理。我们能观察到质数频繁出现，前几个质数是：

2，3，5，7，11，13，17，19，23，29，31，37，41，43，47，53，59，61和67

但是，随着质数序列的深入，质数之间的差距越来越大。只需看上面的质数列表，连续质数之间的最大差距是6（例如，在53到59之间）。但是质数89和97相差的结果是8，它们之间的所有整数都是合数。类似的，139和149是连续的质数，它们相差10。往后来看，连续质数之间的差距越来越大。这可能预示着最终质数会"消亡"。但事实上，尽管我们在探索越来越广大的整数世界的过程中，质数变得越来越少，但质数的序列是无止境的。不过，为了令人信服，我们需要进行证明。

关键的问题是：如果质数是有限的呢？

假若质数是有限多的。

如果我们可以证明"质数是有限多的"这个假设将导致我们得出一个荒谬的结论，那么这个假设就是错误的。就像福尔摩斯的思路那样，一旦我们排除了不可能（质数是有限多的），剩下的就是事实：质数是无限多的。

下面是对这个论点的高级概述。

1.假设质数是有限多的。

这个过程就像用谎话诱导一个被指控的犯罪分子：

"你说你事发当晚在家里，无名氏先生？"

"是的。"

"你在做什么？"

"看电视。"

"你知道当天晚上停电了吗？"

"呃……"

显然，无名氏先生并没有在家看电视！

让我们想象一下，13是最后的质数。如果是这样，那么N就等于（2 × 3 × 5 × 7 × 11 × 13）+1，等于30,031。

2. 证明这个假设会导致不可能的结果。

3. 由于假设导致了逻辑上的不可能，所以我们可以得出结论，这个假设是错误的。

4. 因此，质数是无限多的。

开始证明！我们假设有有限多的质数，然后看看这个假设让我们得出什么结论。

如果只有有限多的质数，那么就存在一个最大的质数P——质数序列中的最后一个质数。整个质数序列将如下所示：

$$2, 3, 5, 7, 11, 13, \cdots, P$$

接下来，我们将所有这些质数相乘，并将结果加上数字1。我们将那个巨大的数字称为N：

$$N = (2 \times 3 \times 5 \times 7 \times 11 \times 13 \times \cdots \times P) + 1$$

N是质数吗？根据我们的假设，答案必然是否定的，因为N大于P，而P是最后一个质数。*因此，N是合数且必定能被质数整除。*这里是我们陷入困境的地方。

我们知道N有一个质数因数，这个因数可能是2吗？我们说N不可能被2整除。请看N的表达式，并注意括号中的部分是偶数，因为它包含了因数2：

$$N = (2 \times 3 \times 5 \times 7 \times 11 \times 13 \times \cdots \times P) + 1$$

因此，N比一个（巨大的）偶数大1；换句话说，N是奇数，因此**不能**被2整除。

没关系。我们知道N肯定有一个质数因数；就算2不是这个因数也没关系。那么是3吗？再看一下括号中的内容，注意它还是3的倍数：

$$N=（2×3×5×7×11×13×\cdots×P）+1$$

因此，N比一个（巨大的）3的倍数大1。这意味着如果我们尝试计算$N÷3$，会得到余数是1。因此N也不能被3整除。

接下来会发生什么？我们来试试下一个质数吧，5。我们发现N也不能被5整除，因为它比5的倍数大1：

$$N=（2×3×5×7×11×13×\cdots×P）+1$$

用这样的方式，我们可以得出结论，N不能被7或11或13或任何质数整除！

我们知道了什么？我们关于质数是有限多的假设，导致我们得出了下面两个结论：

- N可以被质数整除。
- N不能被任何质数整除。

这是不可能的！而摆脱这个困境的唯一出路就是承认，质数是有限多的假设是错误的。因此，质数是无限多的！

一个具有建设性的方法

我们刚刚所做的证明被称为反证法（proof by contradiction）。在这个证明中，我们假设欲证明的命题的反面为真，如果它导致了一个不可能的情况，则断定我们所做的假设必定为假，则我们试图证明的命题为真。这属于精彩的谬误推理法。

但其实还有另一种方式可以证明：本质上这种方法是一个质数制造机。我们把少量的质数喂入机器，然后，瞧，新的质数被制造出来了。以下是该机器的工作原理。

我们先挑选6个质数：2，3，5，7，11和13。我们将所有这些质数相乘，然后加1产生一个新的数字：

$$(2 \times 3 \times 5 \times 7 \times 11 \times 13) + 1 = 30{,}031$$

我们注意到30,031不能被2整除；这显而易见，因为它的最后一位是奇数。它也不能被3整除（因为它比$2 \times 3 \times 5 \times 7 \times 11 \times 13$，即3的倍数大1）。同样地，它不能被5、7、11或13中的任何一个整除。因此，它要么是一个质数，要么作为它的因数的质数不在最初的列表中。然后我们发现30,031是合数，因式分解为59×509；而59和509不在原始列表中。

我们现在可以拿这些新的质数，加上原来的六个质数制造出一个新的数字：

（2×3×5×7×11×13×59×509）+1，等于901,830,931，而这恰好是质数。

我们可以将这个新的质数投入到不断变长的列表中，并生成一个新的数字，它或者本身就是另外一个质数，或是可以分解为其他的质数。我们可以无限重复这个过程来产生越来越多的质数。

有一些复杂的方法用于确定一个数字是否是质数；这些方法可以在普通的计算机上快速完成。

一个不同的证明

还有许多证明方法可以证明质数是无限多的，下面是另一个证明方法。

如第一个证明，我们假设质数是有限多的，并表明这种推理会导致矛盾。我们假设最大的质数是P，所以整个质数列表是：

2，3，5，7，11，13，…，P

设N是所有这些数字相乘的积：

$$N=2×3×5×7×…×P$$

让我们考虑从1到N的所有数字。其中，除1之外，其中的每一个数字都可以被一个或多个质数整除；毕竟，每一个（除1以外）都能被某些质数整除。

从1到N的数字中有多少可以被2整除？很明显，是其中的一半数字（偶数）。让我们删除它们，只剩下奇数：

1，3，5，7，9，11，13，15，17，19，21，23，25，27，29，31，33，35，37，39，41，43，45，47，…

1和N之间没有被删除的整数数量是$N/2$。

从剩下的数字中，我们来排除3的倍数。剩下的是：

1，5，7，11，13，17，19，23，25，29，31，35，37，41，43，47，49，53，55，59，61，65，…

这里删除了剩余数字的$\frac{1}{3}$。未被删除的数字数量是之前的$\frac{2}{3}$，即$N \times \frac{1}{2} \times \frac{2}{3}$。

我们继续删除5的倍数，从而删除剩余数字的$\frac{1}{5}$，留下$N \times \frac{1}{2} \times \frac{2}{3} \times \frac{4}{5}$的数字。至此还剩的数字是：

1，7，11，13，17，19，23，29，31，37，41，43，47，49，53，59，61，67，71，73，77，79，…

到目前为止尚未被删除的整数的数量为$N \times \frac{1}{2} \times \frac{2}{3} \times \frac{4}{5}$。

接下来，我们删除7的倍数，剩下完整列表的$\frac{6}{7}$，然后继续直到最后删除P的倍数。

最后，我们没有删除的数字数量是：

$$N \times \frac{1}{2} \times \frac{2}{3} \times \frac{4}{5} \times \frac{6}{7} \times \frac{10}{11} \times \cdots \times \frac{P-1}{P} \quad (C)$$

由于从1到N的所有数字，除了1，都可被一些质数除尽，表达式（C）应该结果为1。是这样吗？记住，$N = 2 \times 3 \times 5 \times \cdots \times P$；当我们将其代入（$C$）中，并将各因数分配给对应分母，结果是：

$$\left(2 \times \frac{1}{2}\right) \times \left(3 \times \frac{2}{3}\right) \times \left(5 \times \frac{4}{5}\right) \times \left(7 \times \frac{6}{7}\right) \times \cdots \times \left(P \times \frac{P-1}{P}\right)$$

等于

$$1 \times 2 \times 4 \times 6 \times \cdots \times (P-1)$$

这个算式得出的数字比1大得多！因此，必定等于1的表达式（C）显然不等于1。"错误"就在于我们假设质数是有限的。因此，质数必然是无限多的。

两个困扰人们已久的问题

质数有许多迷人的问题，在这里我们将介绍两个极为著名的。

尽管质数的数量无限多，但随着小心地逼近越来越大的数字，它们也变得越来越稀少。稍后（第7章），我们会探讨大质数之间的平均差。

然而，质数通常会出现得很近。除了质数2和3之外，最小的两个质数之间的差可以是2。相差为2的质数对被称为孪生质数（twinprimes）。最小的一对孪生质数是3和5。在1到10,000之间，有205对孪生质数，其中最后一对是9929和9931。

问题是：是否有无限多的孪生质数？

迄今为止，答案未知。

另一个问题来自德国数学家克里斯蒂安·哥德巴赫（Christian Goldbach），他生活在1690年至1764年，他想知道偶数（除了2）是否可以表示为两个质数之和。例如：

$$4=2+2 \quad 6=3+3 \quad 8=3+5 \quad 10=3+7$$
$$12=5+7 \quad 14=7+7 \quad 16=5+11 \quad 18=5+13$$
$$20=3+17 \quad 22=11+11 \quad 24=7+17 \quad 26=13+13$$

问题是：我们能永远这么排列下去吗？哥德巴赫猜想的准确表达是，每个偶数（大于2）都可以写成两个质数之和。

迄今为止，答案未知。

G.H.哈代，《一个数学家的独白》（剑桥大学出版社，1940）

应用于密码学

质数的研究属于数学的数论（number theory）分支。关于数论，英国数学家戈弗雷·哈罗德·哈代写道：

迄今尚未有人发现数论用于任何战争目的……

哈代无法预见我们如今的全球电脑网络，其安全性已经取决于质数。怎么会这样？

假设P和Q是两个大质数——比如说每个都是百位数。电脑可以瞬时计算出$N = P \times Q$的乘积。但是，如果我们只是知道了N的结果，并要求逆向计算找到它的两个质数，对我们来说是有困难的。没有人知道如何能有效地找到这么大数字的因数。

（确定一个数字是否是合数的过程可以很快，但找到合数的大因数则很困难，这种现象令人感到好奇。）

令人惊奇的是，这种不对称——乘法容易而分解困难——已经被用于开发密码。公钥加密系统（public key cryptosystem）是指，一个人能够充分公开如何将信息进行加密却不用担心被他人破解为明文的系统。虽然这套系统的细节超出了本书关注的范围，但其主要思想是加密密钥使用的是两个大质数乘积的合数N：$N = P \times Q$。想要解密则需要知道P和Q是哪两个数字。对N的披露不会泄露其因数，因为计算这些是极其困难的。

当我们进行网购的时候，公钥加密系统就会发挥作用。在网页浏览器向商家发送我们的信用卡号码之前，它获得商家的公钥加密方法。我们的浏览器使用该方法对信用卡号进行编码。因

为了说明乘法相对于逆向运算的因数分解相对容易，请尝试用铅笔和纸张来计算下面的两个问题。一方面，计算227×281的积。如果你仔细工作，可以很快得出五位数的答案。另一方面，尝试手算找出得出211,591的两个三位数质数。这个过程可不轻松。答案就在下页。

术语公钥是指披露加密过程——加密方法的关键是公开的——不会危及解密方法。20世纪70年代，罗恩·瑞费斯特（Ron Rivest）、阿迪·沙米尔（Adi Shamir）和伦纳德·阿德尔曼（Leonard Adleman）发明了一种实现这一目标的方法。这种方法以他们名字的首字母缩写命名——*RSA*。

为知道加密方法不会危及解密方法（只有商家知道），互联网上的窃密者就无法窃取信息。一旦加密的信息到达商家的计算机，则私钥将用于把信用卡号显示给指定的接收者。

此外，公钥密码学具有军事效用，甚至可能控制原子弹的部署。

上一页因式分解的答案：211591=457 × 463。

2. 二进制

在罗马时代

罗马人经常因为他们用复杂的方式写数字而招致批评。罗马数字遭受诋毁是因为它们使计算变得痛苦。没有什么好办法可以算出XLVII和DCDXXIV的乘积。但是，当写成47×924的时候，问题就变得不那么吓人了。不过，我们大多数人都会拿出一个计算器来解决这个问题。

但是，在我们把罗马体系当作一个古怪的时代错误抛弃之前，我们应该承认它的基本概念——用字母代表数值——是非常有用的。事实上，罗马数字的这一精髓传承到了今天，但是有了新的面貌。以下两句话哪一句更容易理解？

- 整修该国的高中将耗资23000000美元。
- 整修该国的高中将耗资23M美元。

当然，我故意忽略了第一个数字中的逗号，使其难以阅读（从而也表明我举这个例子的意图）。即使用逗号读"五角大楼要求额外的19,000,000,000美

一个经典的数学T恤上写道："世界上有10种人：懂二进制的人和不懂的人。"当你读完本章时，你会明白这个玩笑的梗。

元"也比"额外的190亿美元"更难解析。可见，用字母作为数字的缩写是方便的。

我们使用位值制（place-value system）的一个好处就是简化了计算。但让我们思考一下我们在将两个数字相乘时所付出的努力。首先，我们要记住"数学事实"。也就是说，我们牢记加法和乘法表（包括令人生畏的8×7）。我们经过一个冗长的学习过程，在这个过程中，我们把数字整齐排成列，每个数字的每一位都乘以另一个数字的每一位，跟踪进位，并以多线加法的方式得出结果。

诚然，十进制数字比罗马数字更容易进行乘法运算，但仍然费力。因此，人们自然会考虑是否有另外一种方法来书写数字，从而使计算变得更加容易。我们发现有一些选择可以使计算变得更简单，清晰程度却有所降低。

一进制

表示数字的最简单的方法是使用一进制（unary）。在这种方法中，我们只是简单地将标记（我们将使用数字1）作为我们想要表示的数字。也就是说写数字3，我们做3个标记：111。加法和乘法变得非常容易。要计算3+5，我们只需写两个数字111和11111，彼此相邻（之间没有空格），以找到答案11111111。乘法也很容易。

我们在垂直方向写一个数字，在水平方向写另一个，形成一个图表，如下所示：

	1	1	1	1	1
1					
1					
1					

然后，我们在每一行和每一列标出一个标记，完成图表的内部：

	1	1	1	1	1
1	1	1	1	1	1
1	1	1	1	1	1
1	1	1	1	1	1

最后，我们从图表中取出所有的标记，并排列在一起得出答案：111111111111111。当用一进制表示数字时，运算加法和乘法要比十进制或罗马数字容易得多。

当然，这种计算的简便性要付出理解和实用性方面的可怕代价。我们不想用这个方法来计算 47×924。

我们鼓励读者开发简单的减法和除法程序。

中间地带

用二进制表示的数字与使用十进制（或罗马）记数法相比，不太容易理解，但计算变得更容易。出于这个原因，计算机在内部以二进制表

二进制也被称为"base two"。

示数字。要理解二进制记数法是如何工作的，我们需要回想一下十进制记数法的一些细节。

以十进制记数法表示的数字使用十个字符（数字0到9）水平书写。每个数字决定的数值数额取决于数字出现的位置。也就是说，29和92表示不同的值，因为2和9在数字中位于不同的位置。29是"两个10和一个9"，5804是"五个1000、八个100、零个10和一个4"。十进制数字的每个数位代表10的不同幂。从右向左读，数位值分别是一、十、百、千、万，等等。它们被写成10^0，10^1，10^2，10^3等，数字5804的含义是：

$$5 \times 10^3 + 8 \times 10^2 + 0 \times 10^1 + 4 \times 10^0$$

十进制数字中的每个数位都等于一个10的幂的值。当十进制数字超过四位时，读取变得困难，而插入逗号则增强了可读性。

二进制标记法的工作方式与十进制相同，但每个位值都是2的幂。

在二进制记数法中，我们只使用两个数字：0和1。二进制数字中的每个位代表不同的2的幂。从右侧开始，位值依次是1，2，4，8，16，等等。例如，二进制数字10110意味着

$$1 \times 2^4 + 0 \times 2^3 + 1 \times 2^2 + 1 \times 2^1 + 0 \times 2^0,$$

等于$16+4+2=22$。

检验你的理解：用二进制表示42，用普通的十进制标记法表示11011_{Two}。答案在第25页。

回想一下，指数意味着基数相乘的次数，所以10^3表示$10 \times 10 \times 10$。当然，10^1表示10，按照惯例，10^0表示1。

这是有道理的，因为每个随后的10次方都是之前的10倍。

为了区分二进制和十进制数字，我们可以将单词TWO作为下标，如下所示：1101_{Two}。如果一个只有0和1的数字是十进制数字，我们可以把字母TEN作为下标来消除混淆：1101_{TEN}。

计算

二进制数字比十进制更难理解；二进制1011001比它用十进制记数法表示的89缺乏直观性。二进制的优势来自它在计算中的效用。首先，我们只需要这两张表格，而不是记住几十个数学事实：

$$
\begin{array}{c|cc}
+ & 0 & 1 \\
\hline
0 & 0 & 1 \\
1 & 1 & 10
\end{array}
\quad 和 \quad
\begin{array}{c|cc}
\times & 0 & 1 \\
\hline
0 & 0 & 0 \\
1 & 0 & 1
\end{array}
$$

注意，在加法表中，10是用二进制写的数字2。

二进制数的加法是通过与十进制相同的方法来完成的。假设我们要将10100_{Two}和1110_{Two}相加。我们将这些数字叠加在一起，向右对齐：

$$
\begin{array}{r}
10100 \\
+\quad 1110 \\
\hline
\end{array}
$$

我们现在按照从右到左的顺序将每列中的数字加起来，如果需要的话，可以将它们延伸至下一列。在这个例子中，我们从右边两个0相加开始，得到0：

$$
\begin{array}{r}
10100 \\
+\quad 1110 \\
\hline
0
\end{array}
$$

现在我们加位值2的数列，0＋1（无进位）：

$$\begin{array}{r} 10100 \\ +\quad 1110 \\ \hline 10 \end{array}$$

接下来是位值4所在的列。1＋1等于10，所以我们写0并进1：

$$\begin{array}{r} 1\quad\quad \\ 10100 \\ +\quad 1110 \\ \hline 010 \end{array}$$

在位值8所在的列中，1 ＋ 0 ＋ 1等于10，所以和前面一样，写0并进1：

$$\begin{array}{r} 11\quad\quad \\ 10100 \\ +\quad 1110 \\ \hline 0010 \end{array}$$

我们在位值16的列里完成运算。1＋1等于10，我们在位值16的列写0，在位值32的列写1：

$$\begin{array}{r} 11\quad\quad \\ 10100 \\ +\quad 1110 \\ \hline 100010 \end{array}$$

我们发现10100＋1110＝100010。转换成十进制，得到：

$10100_{TWO}=20$，$1110_{TWO}=14$，$100010_{TWO}=34$，当然20＋14＝34。

二进制数的乘法并不比十进制的乘法麻烦。

二进制数的计算方法基于两种概念：二进制数的加法（正如我们刚才所描述的）以及2的幂相乘的乘法。

十进制数乘以10是容易的，我们只要简单地加上一个这样的零：$23 \times 10 = 230$。同样，在二进制中，乘以2是容易的，我们只是附加一个零。例如，$1101 \times 10 = 11010$。我们可以看出这是转换为十进制的正确写法，但这样写1101更具说明性：

$$\underline{1} \times 8 + \underline{1} \times 4 + \underline{0} \times 2 + \underline{1} \times 1$$

然后当乘以2后得到：

$$\underline{1} \times 16 + \underline{1} \times 8 + \underline{0} \times 4 + \underline{1} \times 2$$

在最后放置一个 $+\underline{0} \times 1$，表明结果确实是11010。

将一个数字乘以4或8，或者其他任何一个2的幂同样简单。例如，乘以8（1000_{two}），我们只需追加三个零。

乘法现在变成了一个移位和加法的游戏。我们通过将11010乘以1011来说明这一点。首先，我们写第二个数字1011：

$$1011 = 1000 + 10 + 1$$

要乘以11010我们这样写：

$$
\begin{aligned}
11010 \times 1011 &= 11010 \times (1000 + 10 + 1) \\
&= (11010 \times 1000) + (11010 \times 10) + (11010 \times 1) \\
&= 11010\underline{000} + 110100 + 11010
\end{aligned}
$$

其中下划线的零是我们附加到11010的数字。

我们也可以用传统的乘法形式来写：

$$
\begin{array}{r}
11010 \\
\times \quad 1011 \\
\hline
11010 \\
11010 \\
+ \quad 11010 \\
\end{array}
$$

最后，我们将这些项相加得出答案：

$$
\begin{array}{r}
11010 \\
\times \quad 1011 \\
\hline
11010 \\
11010 \\
+ \quad 11010 \\
\hline
100011110 \\
\end{array}
$$

我们转换成十进制来检查我们的运算：

$11010_{TWO} = 16 + 8 + 2 = 26$，

$1011_{TWO} = 8 + 2 + 1 = 11$，

$100011110_{TWO} = 256 + 16 + 8 + 4 + 2 = 286$。

确实，$26 \times 11 = 286$。

扩展

十进制记数法也用于整数以外的数字,个位值不需要是最右边的数字。通过放置一个小数点，额外的置放（每个位置都代表其前值的十分之一）赋予我们表达小数的能力。当我们写34.27时，我们是在写一个缩写：

$$3 \times 10 + 4 \times 1 + 2 \times \frac{1}{10} + 7 \times \frac{1}{100}$$

二进制数字也可以用来表示小数。小数点右边每一个位置的值都是左边相邻值的一半。例如，101.011_{TWO}的意思是：

$$1 \times 4 + 0 \times 2 + 1 \times 1 + 0 \times \frac{1}{2} + 1 \times \frac{1}{4} + 1 \times \frac{1}{8}$$

$\frac{1}{2}$的神秘写法是0.1_{TWO}！

2和10不是基数的唯一选择。以3为基数的数制被称为三进制（ternary）。在三进制中，我们使用数字0、1和2。三进制数字的每个位代表3的不同的幂。例如，1102_{THREE}等于：

$$1 \times 27 + 1 \times 9 + 0 \times 3 + 2 \times 1$$

等于十进制数字38。

三进制数中小数点右边的位置是其前一位的$\frac{1}{3}$。因此，

$$2.102_{THREE} = 2 \times 1 + 1 \times \frac{1}{3} + 0 \times \frac{1}{9} + 2 \times \frac{1}{27}$$

在英文表达的二进制运算中，我们可能不希望将分隔符称为小数点（decimal）。而用另一种叫法：二进制小数点（binary point），或者二进制小数点（radix point）。

计算机程序员使用十六进制记数——也称为十六进制（hexadecimal）。正如十进制数字由十个不同的符号（数字0到9）组成，我们需要十六个不同的十六进制数字。约定是使用字母*A*到*F*来表示数字10到15，而不是再发明六个字符。

上一个问题的答案：将42写为32+8+2，我们看到它等于101010_{TWO}。另一方面，11011_{TWO}等于16+8+2+1，即27。

3. 0.999999999999…

毫无疑问，数字1最简单的写法是这样的：1。但你可能也会了解到这样的事实，即无限重复小数0.9999是这一数字的另一种写法。在这一章中我们会仔细研究它。

小数的含义

十进制系统非常方便，大部分时间都运行得非常好。对整数来说，系统是准确的。235这个记数法是——两个100、三个10和五个1的简写，或者以数学符号表示为：

$$235 = 2 \times 100 + 3 \times 10 + 5 \times 1$$

对于一些分数来说，十进制记数法是完全有效的。想一下$\frac{3}{4}$，在十进制记数法中，它也可以写成0.75。

0.75的含义是：

$$7 \times \frac{1}{10} + 5 \times \frac{1}{100} = \frac{7}{10} + \frac{5}{100} = \frac{75}{100}$$

小数0.75准确地等于$\frac{3}{4}$。

但是，当我们用十进制记数法写$\frac{2}{7}$时，事情则变得很糟糕。如果我们把$2 \div 7$输入计算器，会得到一个令人不愉快的0.28571429，这只是一个近似值，它并不完全等于$\frac{2}{7}$。

像$-$这样的数字可以精确地写成小数，因为我们可以将$\frac{3}{8}$重写为$\frac{375}{1000}$，分母是10的幂。但是在$\frac{2}{7} = \frac{A}{10^n}$中，我们找不到一个整数$A$，因为那意味着$2 \times 10^n = 7 \times A$。没有整数$A$可以满足这个公式，因为不管你选择什么样的整数$A$，左边都不能被7整除，而右边却可以。想要精确地表示$\frac{2}{7}$是不可能的。除非……

对于在0和1之间的小数用0打头是一个好的做法，尽管可能是多余的，但0能使我们留意到小数点。如果我们看到一个朴素的.75，可能会错过那个点。

有无限多数字的十进制数

对于数学家来说，一个有无限多数字的十进制数有一个微妙的含义，本章的要点就是理解这点。我们回到本章的要点：0.999999…的含义是什么，以及为什么它等于1?

在一开始，不要将0.999999…视为一个单一的数字，让我们把它看作是一个数字序列，在这个数字序列中，我们每一个数字都追加一个9，顺序是这样的：

$$0.9 \quad 0.99 \quad 0.999 \quad 0.9999\cdots \qquad\qquad (*)$$

直到永无穷尽（ad infinitum）。注意该序列的项会逐渐变大。不会大太多，但每一个项都比之前的更大。

我们将要证明两个事实：

1.递增序列（*）中的所有项都小于1。

2.如果x是小于1的任何数，那么序列（*）在某一项之后的所有项都将大于x。

要明白这两点，我们用分数形式重写这个序列，如下所示：

$$\frac{9}{10} \quad \frac{99}{100} \quad \frac{999}{1000} \quad \frac{9999}{10000} \quad \cdots$$

有一个更简洁的方法来重写这些分数。注意分母只是10的幂：10^1，10^2，10^3，等等。每个分子只比分母小1。所以，同样的序列可以这样重写：

$$\frac{10^1-1}{10^1} \quad \frac{10^2-1}{10^2} \quad \frac{10^3-1}{10^3} \quad \frac{10^4-1}{10^4} \quad \cdots$$

用这种方式写出来，很容易看出序列（*）的第n项是：

$$\frac{10^n-1}{10^n}$$

通过这种方式来看这些项，显然序列（*）

的每一项都小于1，因为每一个分子都小于它的分母。

现在我们展示第二点：如果x是小于1的任何数，序列（*）中的项最终会超过x。

由于x小于1，我们知道$1-x$是正的。如果x恰好接近1，那么$1-x$很小，但仍然是正的。让我们将$1-x$乘以10的幂：

$$10^n \times (1-x)$$

由于$1-x$是正数，如果10^n足够大，其结果将大于1：

$$10^n \times (1-x) > 1$$

展开左侧：

$$10^n - 10^n x > 1$$

将1移到左边，将$10^n x$移到右边：

$$10^n - 1 > 10^n x$$

两边除以10^n得到：

$$\frac{10^n - 1}{10^n} > x$$

让我们回顾一下我们所知道的。一方面，不断增加的序列中的数字0.9，0.99，0.999等都小于1。另一方面，如果x是小于1的任何数，那么这个序列最终会大于x（并且越来越大，离x越来越远）。

这个序列不可阻挡地越来越接近1。我们说序列收敛至1，或者，我们说序列的极限是1。

十进制的有限位小数的含义，如0.529，是若干个十分之一、若干个百分之一、若干个千分之一等的总和，如下所示：

$$0.529 = \frac{5}{10} + \frac{2}{100} + \frac{9}{1000} = \frac{529}{1000}$$

不幸的是，十进制的有限位小数的语言不够丰富，不足以表示如 $\frac{2}{7}$ 这样的数字。所以我们需要丰富我们的词汇。

十进制的无限位小数的值是每一次追加一位数形成的序列的极限值。这个要复杂得多，但是我们能够用小数来表示所有的数字。

不妨粗略一些

想象一个无穷小数作为序列的极限需要付出很大的努力。让我们看看我们能不能拿出更简单的东西。

让我们这样思考一下0.999999…

令

$$X = 0.999999\cdots \quad （A）$$

把两边乘以10得：

$$10X = 9.999999\cdots \qquad （B）$$

现在用（B）减去（A）：

$$10X = 9.999999\cdots$$
$$X = 0.999999\cdots$$
$$\Rightarrow \quad 9X = 9.000000\cdots$$

最后两边各除以9，得$X = 1$。完成！简单吧。

这个技巧可以用于任何十进制的循环小数。例如，令

$$Y = 0.27272727\cdots \qquad （C）$$

两边乘以100（让数字重复整齐排列）

$$100Y = 27.272727\cdots \qquad （D）$$

并用（D）减去（C）：

$$100Y = 27.272727\cdots$$
$$Y = 0.272727\cdots$$
$$\Rightarrow \quad 99Y = 27.000000\cdots$$

通过用分数表示0.123123123123……检验你自己的理解。答案在第32页。

得$Y = \dfrac{27}{99}$，化简为$\dfrac{3}{11}$。

明白了吧！我们不必为"序列"和"极限"而感到烦恼。但是，如果你粗心大意地随便抛出无限的序列会发生什么？思考这个和：

$$Z = 1 + 2 + 4 + 8 + 16 + 32 + \cdots \quad (E)$$

乘以2:

$$2Z = 2 + 4 + 8 + 16 + 32 + \cdots (F)$$

并用（E）减去（F）

$$Z = 1 + 2 + 4 + 8 + 16 + 32 + \cdots$$
$$2Z = \quad\ \ 2 + 4 + 8 + 16 + 32 + \cdots$$
$$\Rightarrow \quad -Z = 1,$$

这意味着$Z = -1$。这当然是无稽之谈。

是什么地方出了错？我们粗心大意了。当我们将对0.999999…和0.272727…做出的正确分析应用到$1 + 2 + 4 + 16 + \cdots$时失败了。在所有这三种情况下，符号代表了无穷多项的总和。第一个可以这样写：

$$0.9 + 0.09 + 0.009 + 0.0009 + \cdots$$

这与$1 + 2 + 4 + 8 + 16 + \cdots$有何不同？不同之处在于收敛性（convergence）。因此如果不仔细理解收敛性，我们可能会认为无限多的正数之和是负数！我们在等式（A）和（B）[以及（C）和（D）]中所进行的处理在数学上是有效的，因为序列是收敛的。

上一个问题的答案：令$x = 0.123123123\cdots$，然后$1000x = 123.123123\cdots$，通过做减法得到$999x = 123$，因此$x = \dfrac{123}{999} = \dfrac{41}{333}$。

4. $\sqrt{2}$

在乐队开始演奏之前,音乐家会进行调音以确保他们所有的音符悦耳和谐。而这在数学上是不可能的。让我们看看为什么。

有理数

整数可以很好地进行加、减、乘的基本运算。给定两个整数,任何这些运算的结果也是一个整数。但是,两个整数相除的结果可能是非整数。

通过整数相除而创建的数字被我们称为有理数(rational numbers)。例如,1.5是有理数,因为它等于$3 \div 2$。

整数3是有理数,因为$3 = 3 \div 1$(它也等于$6 \div 2$,$12 \div 4$,等等)。所有的整数都是有理数。

鉴于整数可以与三种基本运算"很好地结合",而有理数可以与所有四种运算完全兼容。给定两个有理数,则它们的和、差、积和商都是有理数(与通常的警告一样,除以0是被禁止的)。

除以零是不可能的,这里我们指的是类似$7 \div 5$这样的运算。

有理数这个词来源于"比率(ratio)"一词,并不是对其理智的价值判断。

对于日常使用来说，有理数完全足够。我们测量的所有数量——如重量、体积、距离、价格、温度、时间、人口、无线电频率等——都可以使用有理数来精确说明。

既然有理数对于所有的实际工作都足够，并且与基本数学运算完全兼容，为什么我们还需要其他的数字呢？

还是先让我们来问一个更基本的问题：还有其他的数字吗？

正方形的对角线

这里对平方根的意义做一个快速介绍。9的平方根是3，因为$3 \times 3 = 9$严格来讲，此处的平方根指的是算数平方根，因为-3也是9的平方根。算数平方根的表达式为：$\sqrt{9} = 3$。一般来说，对于一个数N，N的平方根是当与自身相乘（求平方值）能得出N的数值。在代数上，$a = \sqrt{N}$含义是$a^2 = a \times a = N$。

一个正方形的对角距离有多远？在之后的第14章中我们将解决这个问题。但是现在，我们只要简单地说一个面积为1×1的正方形的对角线长度是$\sqrt{2}$就足够了。

数字$\sqrt{2}$的属性是，如果自身相乘（即，如果求它的平方值），那么所得结果是2。你可以在大多数计算器上计算它的值，但是让我们看看是否能用一些简单的计算确定它的值。

首先要注意的是，如果我们求零的平方值，则$0^2 = 0$，如果求1的平方值，则$1^2 = 1$。这些结果都比我们的目标2要小。另一方面，如果我们求2的平方值，则$2^2 = 4$，如果求3的平方值，则$3^2 = 9$，以此类推，这些结果都大于我们设定的目标。

由于1^2太小，而2^2太大，所以$\sqrt{2}$的值必须大于1且小于2。我们以0.1为增量查看1和2之间的值，如图表所示。

我们发现1.4太小，不能成为2的平方根，而1.5太大。所以$\sqrt{2}$的值必须在这两者之间。

让我们进一步精确。如果我们以0.01的增量将介于1.4和1.5之间的数字进行平方，就可以找到：

$1.41^2=1.9881$和$1.42^2=2.0164$，从中我们可以得出结论$1.41<\sqrt{2}<1.42$。

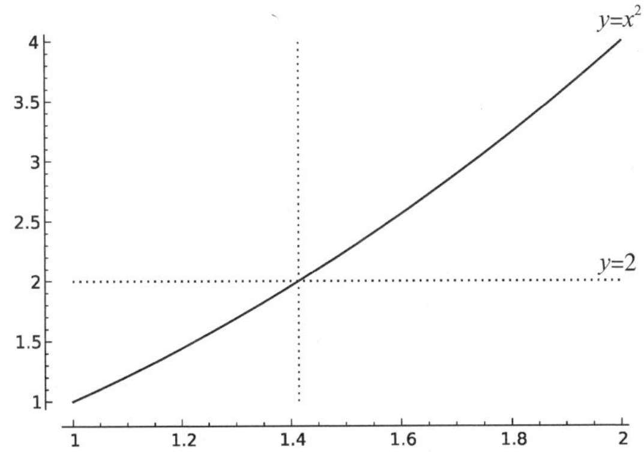

x	x^2
1.0	1.00
1.1	1.21
1.2	1.44
1.3	1.69
1.4	1.96
1.5	2.25
1.6	2.56
1.7	2.89
1.8	3.24
1.9	3.61
2.0	4.00

我们可以通过绘制方程$y=x^2$的图形来估算$\sqrt{2}$的值，并找出该曲线与从$y=2$引出的线相交的位置。从图中可以看出，相交点位于当x仅略大于1.4时。

我们可以重复这个过程，不断将$\sqrt{2}$的值缩小在更小的值域内。

在某些时刻，我们可能是满意的（因为我们已经得到 $\sqrt{2}$ 非常精确的近似值），也可能会感到沮丧（因为我们还没有精确找出 $\sqrt{2}$ 的值）。

但我们所指的精确究竟是什么意思呢？

超越理性

"精确"的合理概念是能够将数量明确为有理数，即两个整数的比率。如果我们可以将 $\sqrt{2}$ 表示为分数 $\dfrac{a}{b}$，其中 a 和 b 是整数，那么我们可以理直气壮地说我们已经找到了它的确切值。

不幸的是，这是不可能的，如同我们将要证明的那样。

定理：$\sqrt{2}$ 不是一个有理数。

对于 $\sqrt{2}$ 不是有理数的证明，可以使用第 1 章中使用的表明质数是无限多的相同的反证法。假设 $\sqrt{2}$ 是一个有理数，由此导致得出谬论。推论：$\sqrt{2}$ 是有理数的假设是不成立的，因此 $\sqrt{2}$ 不是一个有理数。

我们可以假设 a 和 b 都是正整数，因为 $\sqrt{2}$ 是一个正数。

让我们直接采用这种方法。假设 $\sqrt{2}$ 是一个有理数。这意味着 $\sqrt{2}$ 是两个正整数之比，我们称它们为 a 和 b。于是

$$\frac{a}{b} = \sqrt{2}$$

$\dfrac{a}{b}$ 是2的平方根意味着如果我们求这个数的平方，结果将等于2。用符号表示为：

$$\left(\frac{a}{b}\right)^2 = 2 \qquad (A)$$

分数的乘法很简单，只要将分子和分母与其自身相乘，得：

$$\left(\frac{a}{b}\right)^2 = \frac{a}{b} \times \frac{a}{b} = \frac{a \times a}{b \times b} = \frac{a^2}{b^2} \qquad (B)$$

等式（A）和（B）联立得：

$$2 = \frac{a^2}{b^2}$$

可以改写为：

$$2b^2 = a^2 \qquad （C）$$

我们来考察方程（C）的两边。由于 a 是一个正整数，我们可以将 a 因数分解为质数（参见之前的算术基本定理）。

假设：

$$a = p_1 \times p_2 \times \cdots \times p_n$$

其中 p_1、p_2，以及后面的数都是质数。

同样，b 也是一个正整数，所以它可以被分解成这样：

$$b = q_1 \times q_2 \times \cdots \times q_m$$

其中q_1、q_2，以及后面的数都是质数。

等式（C）的左边可以被改写为：

$$2b^2 = 2 \times (q_1 \times q_2 \times \cdots \times q_m)^2$$
$$= 2 \times (q_1 \times q_1) \times (q_2 \times q_2) \times \cdots \times (q_m \times q_m)$$

注意这表示整数$2b^2$是由数量为奇数的质数所产生的。

同样，等式（C）的右边可以写为：

$$a^2 = (p_1 \times p_2 \times \cdots \times p_n)^2$$
$$= (p_1 \times p_1) \times (p_2 \times p_2) \times \cdots \times (p_n \times p_n)$$

注意，这会将整数a^2分解为数量为偶数的质数。

现在关键的地方出现了：数字$2b^2$和a^2是相等的——也就是方程式（C）所表达的。我们已经证明了这个整数（无论它的值是多少）的一种因数分解结果是奇数个质数，另一种因数分解则是偶数个质数。这是不可能的，因为根据算术基本定理，将正整数分解为质数的方法是唯一的。

我们已经推出了不可能的结果。而这个矛盾的根本原因在于我们所做的 $\sqrt{2}$ 是有理数的假设。既然这个假设导致了谬论，那一定是错的。因此，$\sqrt{2}$ 不是一个有理数。

既然 $\sqrt{2}$ 不是一个有理数，我们则说它是无理的。有理数足够用于确定我们可能考虑的物理性的数量，但是它们并不能捕获所有数学范畴里的数量。面积为1×1正方形的对角线的长度不是有理数。

构造数

从数字1开始，反复使用加法、减法和乘法进行运算，我们可以创建出任何整数，并且只创建出整数。如果我们加入除法，那么则可以创造一切可能的有理数（且只有有理数）。

我们所学到的是，当我们加入平方根操作时，我们得到的数字不是简单的整数比率。当我们构建讨厌的表达式，比如

$$\frac{\sqrt{17}-1}{2+\sqrt{5}} \times \sqrt{1+\sqrt{\frac{7}{3}}}$$

我们不期望结果会是一个有理数。

为我们以这种方式建立的数字命名是简便的：我们说一个数是可构造的（constructible），意味着它可以从数字1开始计算，并且运用于我们经常选择的五种运算：+，−，×，÷和√中进行构造，但是一般来说，我们不会除以0，并且不会取一个负数的平方根。

这自然导致了下面这个问题：所有的数字都是构造数吗？

古希腊人看到了几何和数字之间亲密并美丽的联系。这个联系的建立使用了两个工具：直尺

在本章中，我们只考虑非负数的平方根。在第5章中，我们会探讨将平方根运算应用于负数的结果。

当然，有时候结果可能是一个有理数，例如，

$$\left(\sqrt{7}-\sqrt{2}\right) \times \left(\sqrt{7}+\sqrt{2}\right)$$

等于5。

（没有标记的尺子）和圆规。那么使用一个单位长度（即一个长度等于1的线段），我们还可以使用直尺和圆规构建哪些其他的长度？

描述如何使用构造工具进行加减运算并不困难。假设有两条长度分别为a和b的线段b，我们在一条直线上用直尺画一条长度为a的线段。然后，打开圆规，其打开的长度等同于第二条线段，我们将圆规的圆心放在第一条线段一端，然后用圆规的铅笔端在另一端的直线上做出标记，从圆心到标记的距离就是b。我们刚刚创建的组合线段的长度就是a+b。相反，减法是通过缩短而不是延长一条线段来实现的。

其他使用直尺和圆规进行的运算要复杂得多，但事实上，通过这些工具，我们还可以进行乘法、除法以及取平方根的计算。

事实上，我们用直尺和圆规画出的长度恰恰是（非负的）构造数！

过去，古希腊人曾相信所有的数字都是有理数，但是毕达哥拉斯学派计算出的结果证明并非如此。

尽管如此，希腊人依然坚持他们在几何与数字的关联上所抱持的美学信念：所有的长度——所有（正）数——都可以用直尺和圆规来构造。

这一信念直接关系到希腊三大著名构造问题。其中最为人所知的是三等分角问题（angle trisection problem）：已知一个角度，使用构造工具将这个角分成三个相等的部分。

二等分角（bisection）问题更容易。用直尺和圆规找到将角度分成两个相等部分的射线并不困难。尽管数学家在一个多世纪以来认识到用直尺和圆规将一个角三等分是不可能的，但是发烧友们仍然不断地为这个问题提出"解决方案"。他们的一些聪明尝试被记录在下面这本书里：安德伍德·达德利（Underuood Dudley），《三等分的预算》[（*A Budget of Trisections*），斯普林格（Springer），1978]。

没有那么出名，但也在此讨论范围之内的难题是：

- 开三次方。给定一个正方体的棱长，构造出一个长度，使以此为棱长的正方体体积为给定正方体的2倍。

  由于给定了单位长度的线段，所以这个问题相当于构造长度为 $\sqrt[3]{2}$ 的线段。
- 化圆成方。给定一个圆，构造一个与圆相同面积的正方形。

  同样，由于给定了单位长度，可以构造一个面积为π的圆（参见第6章）。

  化圆成方相当于构造长度为 $\sqrt{\pi}$ 的线段。

这些问题大概花费了两个世纪才得以解决。$\sqrt[3]{2}$ 和 $\sqrt{\pi}$ 都是不规矩数。类似地，三等分角问题的解决方案也涉及了具体的不规矩数（20°的余弦）。

不规矩数的存在打破了希腊人追求用直尺和圆规打造出几何与数字间联系的期望。

皮埃尔·旺泽尔在1837年证明，这三个数字是不规矩的。这意味着三个古典建筑问题都是不可能的。换句话说，旺泽尔解决了三等分角的问题：他证明了三等分的构建方法是不存在的。

和谐的演奏

当音乐家演奏彼此音调不一致的乐器时，会导致不和谐音——悦耳的音乐听起来"没有"了。

如果两个表演者弹奏相同的音符，他们的乐

器产生的频率应该是相同的。差异会烦扰听众。音乐家经常演奏不同的音符，当音符和谐时，音乐最动人。是什么创造了和谐？什么声音是悦耳的？

希腊人考虑过这个问题，他们发现频率为小的整数比（例如3：2）的音符令人愉悦。在此基础上，他们发明了音阶（归功于毕达哥拉斯）。在计算音符的频率时，有一个首要的约束：相隔一个完整八度的音符的频率比正好是2：1。为了创造和谐的声音，希腊人还希望C和F之间以及C和G之间的频率比用小整数表示。在他们的解决方案中，对于全音阶（例如从C到D），相邻音符的频率比是 $\frac{9}{8}$，或者对于半音阶（例如从E到F），音符频率的比是 $\frac{256}{243}$。这就是完整的毕达哥拉斯音阶：

符号

$$C \xrightarrow{\frac{9}{8}} D$$

代表D的频率比C的频率高 $\frac{9}{8}$ 倍。

$$C \xrightarrow{\frac{9}{8}} D \xrightarrow{\frac{9}{8}} E \xrightarrow{\frac{256}{243}} F \xrightarrow{\frac{9}{8}} G \xrightarrow{\frac{9}{8}}$$

$$A \xrightarrow{\frac{9}{8}} B \xrightarrow{\frac{256}{243}} C.$$

由此我们可以计算音符C和F的相对频率。为了得到F的频率，我们将C的频率乘以

$$\frac{9}{8} \times \frac{9}{8} \times \frac{256}{243} = \frac{4}{3}$$

4：3的频率比听起来不错。

在这个调谐系统中，当C和F一起演奏时，我们可以看到波形。声音看起来像这样：

但是，当将F调得稍高一点时，波形如下所示：

你的眼睛注意到的不同，在你耳边同样清晰可辨。你感受到了不和谐。

毕达哥拉斯音阶的一个弱点是无处不在的C大调和弦，C-E-G是不和谐的。频率比并不简单。

几个世纪以来，替代调音得到发展。例如，在纯律中，使用以下比率：

$$C \xrightarrow{\frac{9}{8}} D \xrightarrow{\frac{10}{9}} E \xrightarrow{\frac{16}{15}} F \xrightarrow{\frac{9}{8}} G \xrightarrow{\frac{10}{9}}$$

$$A \xrightarrow{\frac{9}{8}} B \xrightarrow{\frac{16}{15}} C.$$

通过这种调音，C-E-G三和音是一个可爱的4：5：6比例的频率组合。但在这个系统中，从C到D的全音阶听起来不同于D到E的全音阶。

这两个系统（毕达哥拉斯和纯律）有另一个严重的问题。如果一组音乐家演奏完C大调的一首曲目，现在想要演奏用F调谱写的作品，就需要重新对乐器进行调音。这给鲁特琴的演奏者带来些许不便，对大键琴的演奏者来说就非常费劲了，而对于木管乐手而言则基本上是不可能的。

解决的办法是创建一个调音系统，使这个系统在所有音调中都能正常工作。这导致两个约束：（ a ）注意到一个八度音程必须具有2∶1的频率，并且（ b ）相隔半音阶的音符的频率比是相等的（例如，C和C$^{\#}$的频率之比与C$^{\#}$和D相同）。一个八度音程包含十二个半音阶：

$$C — C^{\#} — D — D^{\#} — E — F — F^{\#} — G — G^{\#} — A — A^{\#} — B — C.$$

如果连续音符之间的频率比是某个数 r [约束（ b ）]，并且经过一个八度使频率 [约束（ a ）] 加倍，那么我们肯定得到 $r^{12}=2$ 。这意味着

$$r = \sqrt[12]{2} \approx 1.059463$$

如果我们对乐器调音，使相邻音符之间的比率为 $\sqrt[12]{2}$ ，那么从一个音调切换到另一个音调时不需要重新调音。这种调音系统被称为平均律（equal temperament），是今天几乎普遍使用的系统。

不幸的是， $\sqrt[12]{2}$ 是无理数。这意味着音符之间的频率比从来就不是一个整数（八度音除外）。C–G间隔的频率不是3∶2的比例。更进一步，这个比例约为1.4983，不过这个比例，不可

$\sqrt[12]{2}$是无理数的证明几乎等同于$\sqrt{2}$是无理数的证明。请试着证明。

否认的，非常接近1.5。

但是这听起来怎么样？目前，几乎所有的音乐都是在调节到等程音阶的乐器上演奏的，所以我们所听到的和声是我们所熟悉的。但是，让我们看看（字面意思）我们缺少什么。这是一个C大调和弦的波形。首先，音符的频率比例正好是4∶5∶6，其次音符的频率被指定为平均律。第一个波形看起来（且听起来！）比第二个更好。

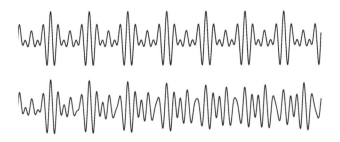

平均律的优点在于曲目之间不需要重新对乐器进行调音。但是有一种乐器可以立即重新调音：人声。

无伴奏的合唱团体，如"理发店四重奏"不必使用等程音阶就可以"弯曲"他们的声音，以使频率间比率是小整数的比值。其结果是产生了奇妙的、共鸣的声音。

5. i

另一个平方根难题

在第4章中，我们仔细思考了 $\sqrt{2}$ 的"确切"值，并得出结论：我们不能把 $\sqrt{2}$ 表示为两个整数的比——即 $\sqrt{2}$ 是一个无理数。然而，我们可以得到与 $\sqrt{2}$ 非常接近的十进制近似值。

虽然 $\sqrt{2}$ 不是一个有理数，但我们并没有对是否存在令 $x^2 = 2$ 的数字 x 提出疑问。事实上，$\sqrt{2}$ 是一个介于1.41和1.42之间的合理数字。这是一个实数的例子。一个实数可以像这样表达：

实数的集合表示为 $\mathbb{R}$。

$$\pm XXXXX.XXXXXXXXXX\cdots$$

有关无限循环小数的更广泛讨论，请参阅第3章。

其中 X 是数字。数字以"＋"或"－"符号开始（尽管通常省略"＋"），小数点前有许多个但有限的数字，后面是无限多个数字。例如，数字 $1\frac{2}{3}$ 可以写作 $1.666666666\cdots$

如果一个数字如 $\frac{3}{4}$ 的十进制展开是有限的（0.75），它也可以使用这种写法。我们只需在后面补上无尽的0：0.7500000⋯

因此 $\sqrt{2}$ 是一个实数。它只是碰巧不是一个有理数。换句话说，有一个实数 x 可以满足 $x^2=2$。同样，还有一个实数可以满足方程 $x^2=3$，即 $\sqrt{3}=1.73205\cdots$。或许能以此类推。

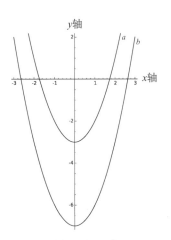

每一个形式如 $x^2=a$ 的方程都有解吗？如果 a 是一个正实数（或0），那么 $\sqrt{a}$ 就是解，小数表达式可以转化为我们想要的任何多的数字。一种可视化的方法是绘制 $y=x^2-a$ 的图形，看看曲线（这个形式的方程可用抛物线表示）在何处与 x 轴相交。这个数字将满足 $x^2-a=0$，或者，相当于 $x^2=a$。右侧第一张图显示了 $y=x^2-3$ 和 $y=x^2-7$。两条抛物线分别在 $\pm\sqrt{3}$ 和 $\pm\sqrt{7}$ 的位置与 x 轴相交。

抛物线 a 表示 $y=x^2-3$

抛物线 b 表示 $y=x^2-7$

当我们寻找一个数 x 使得 $x^2=-1$ 时，问题就会发生相当大的变化。有这样的数字吗？如果我们计算一个正数的平方，结果会是另一个正数；例如，$5^2=5\times5=25>0$。同样，如果我们将负数进行平方，结果也是正的：$(-5)^2=(-5)\times(-5)=25>0$。如果我们求0的平方，结果是0。情况看起来令人绝望。

事实上，如果我们绘制方程 $y=x^2+1$ 的图并寻找抛物线与 x 轴相交的位置，我们的绝望会加剧。其结果显示为右侧第二张图。我们很快就看到这条抛物线完全位于 x 轴上方——并绝不可能与 x 轴相交。

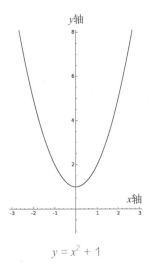

$y=x^2+1$

我们试图放弃，宣称"负数没有平方根"。但这种态度缺乏想象力。诚然，没有一个满足 $x^2 = -1$ 的实数（real number），但也许还有一些其他类型的数字。

虚数

解决这个问题的方法非常简单。没有实数 x 令 $x^2 = -1$，所以我们只需要制造出一个新的数字，并把它称为 i，它具有必要的属性：$i^2 = -1$。

问题接踵而至了："这个数字是从哪里来的？""你不能只是制造数字！""这没有意义！"

为了让大家放心，我们称 i 为虚数（imaginary number）。突然间，i 被降级到二等公民的身份，我们不再期望把 i 根铅笔放在我们办公桌上的咖啡杯里，或者担心有人会告诉我们，到某个地方的距离是 i 英里[1]。

假设我们同意玩这个游戏。那么，我们想一下，如果我接受这个数字 i，我们来看看它能做什么。我知道 $i \times i = -1$。那 $i + i$ 呢？遵循算术的标准规则，结果为另一个虚数：$2i$。我们可能想知道，如果我们把这个数字进行平方，会发生什么。尝试一下！

$$(2i)^2 = (2i) \times (2i) = 2 \times i \times 2 \times i =$$

所谓的实数并不比虚数更"真实"。我们不能把 -3 根铅笔放在咖啡杯里，也不能说到某个地方的距离恰好是 $\sqrt{2}$ 英里。确实，实数对某些物理现象（如温度或陆地面积）的建模非常有用。但是虚数的用处体现在其他领域，比如量子力学和电子学。所有的数字都是"想象的"，因为它们是思维的发明。

1　1公里=0.6214英里。——编者注

$2 \times 2 \times i \times i$

$$= 4 \times （i \times i） = 4 \times （-1） = -4$$

换句话说，$2i$是-4的平方根。

我们可以将$\sqrt{2}\,i$进行平方，让我们看看会得到什么：

$$\left(\sqrt{2}i\right)^2 = \sqrt{2} \times i \times \sqrt{2} \times i = 2 \times i \times i = -2$$

所以我们看到$\sqrt{2}\,i$是-2的平方根。事实上，一旦我们接受i进入数字家族，我们不仅得到了-1的平方根，还有所有负实数的平方根！任何形式为bi的数字，其中b是一个实数，这个数就被称为纯虚数。

如果我们将两个纯虚数相加，如$4i$和$2i$，我们得到另一个纯虚数：$6i$。如果我们将两个纯虚数相乘，如$3i$和$-2i$，我们会得到一个实数：

$$3i \times - （2i） = 3 \times （-2） \times i \times i = -6 \times -1 = 6$$

复数

为了将虚数完全纳入数字家族，我们需要将实数和虚数一起进行加、减、乘、除。这种做法的框架被称为复数（complex number）系统。这是对于实数的一个扩充，包括形式为$a+bi$的所有数字，其中a和b是实数，例如：$3+4i$。

　　数字i是一个复数，因为我们可以把它写成$0+1i$。同样，任何实数，如-7，也是一个复数，因为它可以写成$-7+0i$。

　　复数的加法很简单，我们只须分别处理同类项：

$$(3+2i)+(4-3i)=(3+4)+(2-3)i=7-i$$

可以写得更古板一些：$7+(-1)i$。

减法也同样不费力：

$$(3+2i)-(4-3i)=(3-4)+[2-(-3)]i=-1+5i$$

　　经过片刻的思考，我们会得出，两个复数的和或差也是一个复数。我们可以写成代数的形式：

$$(a+bi)+(c+di)=(a+c)+(b+d)i$$
$$(a+bi)-(c+di)=(a-c)+(b-d)i$$

其中a，b，c，d是实数。

　　复数的乘法更具挑战性。让我们通过将$3+2i$和$4-3i$相乘进行说明。

$$(3+2i)\times(4-3i)=3\times(4-3i)+2i\times(4-3i)\quad 分配$$
$$=(3\times4-3\times3i)+(2i\times4-2i\times3i)$$

再分配

$$=(12-9i)+(8i+6)$$
$$=18-i$$

在代数上，如果 $a+bi$ 和 $c+di$ 是两个复数，则它们的乘积通过下面的公式得出：

$$(a+bi) \times (c+di) = (ac-bd) + (ad+bc)i$$

这意味着当我们让两个复数相乘时，其结果也是一个复数。

除法是基本运算中最复杂的。在一头扎进 $(a+bi) \div (c+di)$ 的解释之前，我们首先思考一个复数的倒数（reciprocal）是多少。回忆一下，如果 x 的倒数是另一个数字 y，那么 $xy=1$。例如，$\frac{1}{2}$ 就是2的倒数。

$1+2i$ 的倒数是几？$(1+2i) \times (a+bi) = 1$，我们需要一个数字 $a+bi$。我们假设 $\frac{1}{5} - \frac{2}{5}i$ 满足这个要求：

$$(1+2i) \times \left(\frac{1}{5} - \frac{2}{5}i\right) = 1 \times \left(\frac{1}{5} - \frac{2}{5}i\right) + 2i \times \left(\frac{1}{5} - \frac{2}{5}i\right)$$
$$= \left(\frac{1}{5} - \frac{2}{5}i\right) + \left(\frac{2}{5}i + \frac{4}{5}\right) = \frac{1}{5} + \frac{4}{5} = 1$$

一般来说，$a+bi$ 的倒数的公式如下：

$$\left(\frac{a}{a^2+b^2}\right) - \left(\frac{b}{a^2+b^2}i\right) \qquad （A）$$

为了说明这是正确的，将表达式（A）乘以 $a+bi$，有条理地进行代数运算会发现结果为1。

要注意（A）中的分母都是a^2+b^2。如果这恰好等于0，则公式无效，因为0不能做除数。然而，只有在a和b都为0的情况下，$a^2+b^2=0$。换句话说，除$0+0i$以外的所有复数都有倒数。这正是我们所希望的：正如0是唯一没有倒数的实数，0也是唯一没有倒数的复数。任何非零复数的倒数都是一个复数。

随着对倒数的掌控，我们终于可以考虑进行除法。将数字Y除以X等于用X乘以Y的倒数。随后得出的两个复数的商（只要除数不是0）同样是一个复数。

下面是结论：基本运算$+$，$-$，$\times$和$\div$都可以与复数完美匹配。我们可以将这些运算应用于任何一对复数（0除外），其结果依然是一个复数。

但现在让我们回到带来麻烦的运算：平方根。实数是"有缺陷的"，因为一些数字有平方根，而其他数字没有。所以，我们通过创建一个新的数字$i=\sqrt{-1}$来扩展实数。然后我们应用算术运算，实数系统成长为复数系统。但是我们解决平方根问题了吗？$\sqrt{i}$呢？我们是否需要制造另一个新数字，并将其并入，从而创造一个怪异的"超复合"数字系统？

值得庆幸的是，复数已经足够丰富，可以为我们提供所需要的所有平方根！让我们看看要如何找到i的平方根而不需创建任何新的数字。

我们正在寻找一个复数$a+bi$，其性质是

$(a+bi)^2=i$。让我们做一点代数运算来解决这个问题。我们开始扩展

$$(a+bi)^2=(a+bi)\times(a+bi)=(a^2-b^2)+(2ab)i$$

为了使这个表达式等于$i=0+1i$我们需要：

$a^2-b^2=0$以及$2ab=1$

我们找到这些方程的解如下。

第一个方程$a^2=b^2$意味着$a=b$或$a=-b$。

如果$a=b$，则$2ab=1$可以重写为$2a^2=1$。除以2得$a^2=\frac{1}{2}$，所以$a=\frac{1}{\sqrt{2}}$或$a=-\frac{1}{\sqrt{2}}$。

由于$a=b$，我们发现$\frac{1}{\sqrt{2}}+\frac{1}{\sqrt{2}}i$和$-\frac{1}{\sqrt{2}}-\frac{1}{\sqrt{2}}i$都是$i$的平方根。你可以通过求平方来验证，并看到在这两种情况下，结果等于i。

另一种情况，$a=-b$，会产生同样的两个解。

通过做更多的工作，可以证明所有的复数都有平方根，所以不需要扩展复数来适应平方根运算。

代数基本定理

那么立方根呢？数字c的立方根是数字x，满足$x^3=c$。每个复数在复数系统中都有一个立方根吗，还是需要发明新的数字？

挑战：找到i的立方根。其中之一是$-i$，因为$(-i)\times(-i)\times(-i)=-i^3=i$。另外两个是什么？答案在下一页。

等式 $x^3 = c$ 可以被重写为 $x^3 - c = 0$。立方根问题可以进行更广泛地扩展。那么每个多项式（polynomial）方程都有一个复数解吗？例如：是否有复数 x 可以满足

$$3x^5 + (2-i)\ x^4 + (4+i)\ x^3 + x - 2i = 0?$$

复数理论的一个具有里程碑意义的成果便是每一个多项式方程都有一个解！这个成果被称为代数基本定理。通常用来描述这种情况的术语是：复数使代数完备（algebraically complete）。

下面是这个重要事实的完整陈述：

定理（代数基本定理）。设 d 为正整数，令 c_0，c_1，c_2，$\cdots$，c_d 是复数且 $c_d \neq 0$。那么有一个复数 z 可以使

$$c_d z^d + c_{d-1} z^{d-1} + \cdots + c_2 z^2 + c_1 z + c_0 = 0$$

从某种意义上说，实数是有缺陷的，因为存在一些不能解决的基本运算问题（如：求 $a \times a + 1 = 0$ 中的数字 a）。简单来说，代数基本定理表明，在复数域中所有这些问题都有解。不过找到这些解就是另一回事了！

---

i 的立方根。除 $-i$ 之外，还有以下解：

$$\frac{\sqrt{3}}{2} + \frac{1}{2}i \text{ 和 } \frac{-\sqrt{3}}{2} + \frac{1}{2}i \text{。}$$

6. π

什么是 π ?

π这个数字已经让几代人着迷了。它已经进入流行文化（既作为电影的标题，也作为古龙香水的名字）。小学生们通过比赛谁能记住π的更多位数字来庆祝π日。

*Pi*是希腊字母的第十六个字母。它是一个圆的周长与直径的比值。换句话说，圆的周长总是其直径的π倍大；在$C = \pi d$中，C是圆的圆周，d是它的直径。这个关系也可以表示为$C = 2\pi r$，其中r是圆的半径。*Pi*也用于通过公式$A = \pi r^2$计算圆的面积，其中r是半径。π出现在球体的表面积和体积的公式中，也并不意外。如果球体的半径为r，则其表面积为$4\pi r^2$，体积为$\frac{4}{3}\pi r^3$。

这些几何公式并不能告诉我们π的数值。一个简单的论点表明，π大于3。绘制一个半径等于1的圆，并在圆内画出一个内接正六边形。然后将六边形分成六个等边三角形（如右图所示）。因为

3月14日是π日，因为日期写成3/14，π约为3.14。

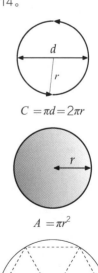

$$C = \pi d = 2\pi r$$

$$A = \pi r^2$$

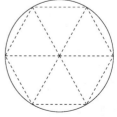

圆的半径是1，所有三角形的边的长度也等于1。因此，六边形的周长是6。圆的周长（因为半径是1，等于2π）比六边形的周长稍大，所以我们得出$2\pi > 6$。

将两边除以2得出$\pi > 3$。我们可以看到，圆的周长并不比六边形的周长大太多，所以π不会比3大很多。

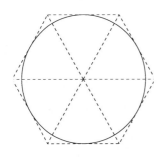

另一方面，我们可以在圆的外面画出一个外切正六边形，然后把这个六边形分成六个等边三角形。在这种情况下，运用几何知识可以得出每个等边三角形的边长以及六边形的边长都是$\frac{2}{\sqrt{3}}$。（这是应用毕达哥拉斯定理的一个很好的练习——见第14章。答案在第63页。）

因此，外切六边形的周长是边长的6倍：$6 \times \frac{2}{\sqrt{3}} = \frac{12}{\sqrt{3}}$。要注意，圆的周长（$2\pi$）小于六边形的周长（$\frac{12}{\sqrt{3}}$）。

因此，$2\pi < \frac{12}{\sqrt{3}}$，

除以2，得

$$\pi < \frac{6}{\sqrt{3}} = 3.464\cdots$$

我们可以选择使用n比6大得多的正n边形，而非在一个半径为1的圆形上内接和外切一个正六边形。例如，如果我们取$n = 100$，然后计算（使用一些三角学知识）内接和外切正n边形的周长，我

们得到这些估值：

$$3.1410759 < \pi < 3.1426266$$

在极限情况下，随着内接和外切多边形的边数增长到无穷大，我们发现π的近似值是

$$\pi = 3.1415926535897932384626433832795028884\cdots$$

π的"确切"值是什么？在第4章中，我们解释了 $\sqrt{2}$ 没有"确切"的值。也就是说，$\sqrt{2}$ 是无理数——它不能被表示成两个整数的比。同样，π也是无理数。有些小学生会学到π"等于" $\frac{22}{7}$，但这只是一个近似值。

分数 $\frac{22}{7}$ 约等于3.142857。其实，π更好的近似值是 $\frac{355}{113} = 3.14159292\cdots$。

π没有简单的表达式，但是下面的公式几乎符合要求：

$$\pi = 2 \times \left(\frac{2}{1} \times \frac{2}{3} \times \frac{4}{3} \times \frac{4}{5} \times \frac{6}{5} \times \frac{6}{7} \times \frac{8}{7} \times \frac{8}{9} \times \cdots \right) \quad \text{（A）}$$

$$\pi = 4 \times \left(\frac{1}{1} - \frac{1}{3} + \frac{1}{5} - \frac{1}{7} + \frac{1}{9} - \cdots \right) \quad \text{（B）}$$

在这两种情况下，都需要计算到"无穷项"，这当然是不可行的。相反，可以在有限多个步骤之后停止计算以获得π的近似值。

公式（A）和（B）都没有给出计算π的实用方法。例如，如果我们通过计算公式（A）到 $\frac{200}{199} \times \frac{200}{201}$ 项，我们得到π≈3.134。同样，如果我

们计算公式（B），停止在 $+\dfrac{1}{197}-\dfrac{1}{199}$ 项，我们得到 $\pi\approx3.13159$。

可以使用更复杂的方法快速准确地计算 π 的近似值。对于科学和工程学来说，π 的近似值可以精确到小数点后30位，对于任何应用来说这都是足够的了。仅仅为了极大的快乐和挑战，数学家和计算机科学家们已经计算出了超过一万亿位的 π。

超越 *

π 和 $\sqrt{2}$ 都是无理数，但我们可以对 π 做出意义更深远的断言：它是超越数。我们来看看这意味着什么。

有理数是整数之比：如 $\dfrac{5}{2}$，$-\dfrac{2}{3}$ 和 $\dfrac{7}{1}$。另一种描述有理数的方法是：它们是形式为 $ax+b=0$ 的方程的解，其中 a 和 b 是整数。例如，$\dfrac{5}{2}$ 是方程 $2x-5=0$ 的解。

> 有理数 $\dfrac{p}{q}$ 是方程 $qx-p=0$ 的解。相反，方程 $ax+b=0$（其中 a 和 b 是整数）的解是有理数 $-\dfrac{b}{a}$。

数字 $\sqrt{2}$ 是无理数（见第4章），因此它不是 $ax+b=0$ 形式的线性方程的解，其中 a 和 b 是整数。然而，它是二次方程 $ax^2+bx+c=0$ 的解，其中 a，b 和 c 是整数。具体而言，它是这个二次方程的解：$x^2-2=0$。

π 呢？由于它是无理数，它不是线性方程 $ax+b=0$（其中 a 和 b 是整数）的解。它是一个整系数二次方程 $ax^2+bx+c=0$ 的解吗？再次，答案是否定的。也许我们不得不借助一个强大的力量。

π是一个形式为$ax^3+bx^2+cx+d=0$整系数三次方程的解吗？再次，答案是否定的。四次？五次？任意次？

事实证明，π是超越的（transcendental）。这意味着π不是任何次的整系数多项式方程的解。π不是下述多项式方程的解。

$$a_nx^n+a_{n-1}x^{n-1}+\cdots+a_2x^2+a_1x+a_0=0$$

（其中所有表示为a_k的系数都是整数）。

互素

π会意想不到地出现在数学中某些与圆甚至几何无关的部分。例如，π在斯特林阶乘逼近公式中（见第10章，第118页）神秘地出现。在这里，我们提出另一个涉及整数的基本属性的例子：互素（relative primality）。

我们说，如果两个正整数的唯一的公约数是1，那么它们被称为互素。

例如，思考数字15和28。它们的约数如下：

15的约数→1，3，5和15

28的约数→1，2，4，7，14和28

注意，它们唯一的公约数是1；因此我们说15和28互素。而21和35不是互素，因为两个数都可以被7整除。

假设我们掷两个骰子，出现的两个数字互素的概率是多少？

每个骰子显示的数字为1，2，3，4，5或6中的一个——具有相等的概率。无论第一个骰子数字是多少，第二个也有六种可能的结果。总的来说，有36种可能的结果：

（1，1）（1，2）（1，3）（1，4）（1，5）（1，6）

（2，1）（2，2）（2，3）（2，4）（2，5）（2，6）

（3，1）（3，2）（3，3）（3，4）（3，5）（3，6）

（4，1）（4，2）（4，3）（4，4）（4，5）（4，6）

（5，1）（5，2）（5，3）（5，4）（5，5）（5，6）

（6，1）（6，2）（6，3）（6，4）（6，5）（6，6）

所有这36个结果都具有相同的可能性。例如，我们可以计算出骰子上的数字和为7的概率。有6个结果的和为7：（1，6），（2，5），（3，4），（4，3），（5，2）和（6，1）。因此，两个数字相加为7的概率是 $\frac{6}{36} = \frac{1}{6}$。

我们再问一个类似的问题：这两个数字互素的概率是多少？下面的图表对于找到答案很有

用。如果这两个数字互素，我们在图表的给定行和列中放置一个星星符号*。例如，在第2行第5列中有一个*，因为2和5是互素。但是，第4行第6列没有*，因为4和6不是互素。

	1	2	3	4	5	6
1	*	*	*	*	*	*
2	*		*		*	
3	*	*		*	*	
4	*		*		*	
5	*	*	*	*		*
6	*				*	

通过简单计数得出23个*，所以这两个数字互素的概率是 $\frac{23}{36}$，等于0.638888⋯。

让我们用二十个面的骰子重复这个练习。抛出两个这样的骰子，我们问：数字互素的概率是多少？解决办法是制作一个更大的图表！这个新的图表（显示在下一页）有20行20列，共400个单元格。当 a 和 b 互素时，第 a 行第 b 列中就有一颗星。对图表进行细致的检查可以发现255颗星，所以两颗骰子产生互素数字的概率是 $\frac{255}{400}$，相当于0.6375。

一般而言，我们可能会问，如果我们随机选取1和 N 之间的两个数字，它们互素的概率是多少？这可以由计算机通过思考1和 N 之间的每一对数字来计算：（1，1），（1，2），（1，3），以此类推。直到（N，N），并计算有多少对是互素的。我们用 N^2（可能互素的数字对）除以总

可以在模型店购买有二十面的骰子。他们的形状是正二十面体。见第16章。

有一个有效的方法来确定第12章中呈现的是否有两个整数互素。

	1	2	3	4	5	6	7	8	9	10	11	12	13	14	15	16	17	18	19	20
1	*	*	*	*	*	*	*	*	*	*	*	*	*	*	*	*	*	*	*	*
2	*		*		*		*		*		*		*		*		*		*	
3	*	*		*	*		*	*		*	*		*	*		*	*		*	*
4	*		*		*		*		*		*		*		*		*		*	
5	*	*	*	*		*	*	*	*		*	*	*	*		*	*	*	*	
6	*				*		*				*		*				*		*	
7	*	*	*	*	*	*		*	*	*	*	*	*		*	*	*	*	*	*
8	*		*		*		*		*		*		*		*		*		*	
9	*	*		*	*		*	*		*	*		*	*		*	*		*	*
10	*		*				*		*		*		*				*		*	
11	*	*	*	*	*	*	*	*	*	*		*	*	*	*	*	*	*	*	*
12	*				*		*				*		*				*		*	
13	*	*	*	*	*	*	*	*	*	*	*	*		*	*	*	*	*	*	*
14	*		*		*				*		*		*		*		*		*	
15	*	*		*			*	*			*		*	*		*	*		*	
16	*		*		*		*		*		*		*		*		*		*	
17	*	*	*	*	*	*	*	*	*	*	*	*	*	*	*	*		*	*	*
18	*				*		*				*		*				*		*	
19	*	*	*	*	*	*	*	*	*	*	*	*	*	*	*	*	*	*		*
20	*		*				*		*		*		*				*		*	

数。当我们为*N*取不同值时，得到以下结果：

N	概率
10	0.63
100	0.6087
1,000	0.608383
10,000	0.60794971
100,000	0.6079301507
1,000,000	0.607927104783

我们看到，随着*N*趋于无穷大，1和*N*之间的两个整数相对于总数的概率为接近0.6079的一个值。这个限制值是多少？竟然是：

$$\frac{6}{\pi^2} = 0.607927101854\cdots$$

π：它不只是与圆有关！

第56页的答案：

一个六边形与半径为1的圆外切。六边形被分成六个等边三角形。证明各三角形各边长——以及六角形的边长是$\dfrac{2}{\sqrt{3}}$。

将一个等边三角形划分为两个直角三角形，从圆心到六边形一边的中点绘制一个半径，如图。中点将三角形的边分成长度为x的两个部分（因此六边形的一边的长度是$2x$）。由于这六个三角形是等边的，所以这些三角形的所有三边的长度都是$2x$。

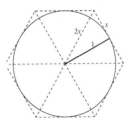

直角三角形的边长为1和x，斜边长度为$2x$。根据毕达哥拉斯定理（第175页），

$$1^2 + x^2 = (2x)^2$$
$$1 + x^2 = 4x^2$$
$$1 = 3x^2$$
$$\frac{1}{3} = x^2$$

所以$x = \dfrac{1}{\sqrt{3}}$。由于六边形的周长是$12x$，所以我们得出结论：周长是$\dfrac{12}{\sqrt{3}}$。

7. e

莱昂哈德·欧拉

欧拉自己并没有以自己的名字命名这个数字，但他确实选择了字母e作为它的象征。历史学家对这种选择是自夸的观点持怀疑态度。欧拉是一个谦虚的天才。

对数学家而言，还有比以自己名字命名的数字更高的荣誉吗？莱昂哈德·欧拉（Leonhard Euler，发音为"oiler"）是18世纪的瑞士数学家，在这一章中我们将介绍了不起的欧拉数——e。

欧拉数e可以用不同的方式来定义，但是我喜欢的表达式如下：

$$e = \frac{1}{0!} + \frac{1}{1!} + \frac{1}{2!} + \frac{1}{3!} + \frac{1}{4!} + \cdots \qquad （A）$$

省略号表示加法永远持续下去。

（A）中的分母是阶乘（factorials）。对一个正整数n来说，$n!$的值是$n \times (n-1) \times (n-2) \times \cdots \times 2 \times 1$。例如，$4! = 4 \times 3 \times 2 \times 1 = 24$。另外，$0!$被定义为1；这个（更多关于阶乘函数）将在第10章中讨论。

尽管这个表达式中有无限多的项，但其值是有限的，并且只需相当少的项就能得到e的高度准确的近似值。例如，如果我们只计算到$\frac{1}{(10!)}$这项的和，长远来看，我们发现

$$\frac{1}{0!} + \frac{1}{1!} + \frac{1}{2!} + \cdots \frac{1}{10!} = \frac{9864101}{3628800}$$

$$= 2.71828180114638\cdots$$

这与实际值2.71828182845904…非常接近。

欧拉数在数学中无处不在。在这一章中，我们会提出三个不同的问题，每个问题的解决方案都涉及欧拉了不起的数字e。

不幸的是，没有一个简单的方法来表达e。尤其是，e不是一个有理数——见第4章。像π一样，它是一个超越数；见第58页。

一个"有趣"的数字

银行推出一种十年期定期存款产品，在产品到期后，收益将比本金翻一番。也就是说，如果你今天存入1000美元，到期后银行会给你2000美元。投资得到了100%的增长。银行为这个存款产品每年支付10%的利率是合理的（因为十年后要支付100%的利息）。

为了促成交易，银行可以在第十年结束前支付利率并将收益重新投到定期存款中。让我们看看如果银行在每年年底支付10%的利率，然后再将利息投入本金会发生什么。

从1000美元开始：在第一年结束时，储蓄存款已经获得了100美元的利息，所以存款额的价格现在是1100美元。现在这个较大的数额在第二年产生了新的收益。因此，在第二年年底，不再增加100美元，而是将1100美元的10%（即110美元）加到账户上。所以账户的金额现在是1210美元。第三年结束时，银行又将总额的10%作为利息打入账户。让我们来看看这个利息是如何配置的，以及余额如何增长：

年份	初始余额	利息	年末余额
1	1000.00	100.00	1100.00
2	1100.00	110.00	1210.00
3	1210.00	121.00	1331.00
4	1331.00	133.10	1464.10
5	1464.10	146.41	1610.51
6	1610.51	161.05	1771.56
7	1771.56	177.16	1948.72
8	1948.72	194.87	2143.59
9	2143.59	214.36	2357.95
10	2357.95	235.80	2593.75

我们在这里计算的值与之前计算的值之间存在细微的差异，因为图表中的每个条目都四舍五入到币值美分。

余额每年增长10%。如果一年的初始金额是A，那么年末余额是$1.1 \times A$，所以两年的增长可以表示为$1.1 \times 1.1 \times A$。这样推导出来，存款到期后总共获得的收益是：

$$\underbrace{1.1 \times 1.1 \times \cdots \times 1.1}_{10项} \times 1000 = 1.1^{10} \times 1000 = 2593.74,$$

这与我们之前的计算一致。通过每年的复利，我们的资金不是增加到了两倍，而是增加更多，大约是2.6倍。

如果银行的复利按季度而不是年度，会发生什么？由于定期存款的利率是每年10%，季度付款应该是余额的2.5%。所以在第一季度，我们最初的1000美元投资增长了2.5%，即0.025×1000，为25美元。第一季度末，我们有1025美元。这相当于我们的余额乘以1.025。

第二季度，我们的1025美元账户又增长了

2.5%，再增加25.63美元，达到1050.63美元，或者相当于1025×1.025＝1050.63（四舍五入到美分）。

N个季度后，我们最初的1000美元变为

$$\underbrace{1.025 \times 1.025 \times ... \times 1.025}_{N项} \times 1000 = 1.025^N \times 1000$$

为了计算十年后我们账户内的金额，我们在这个公式中（因为在十年内有四十个季度）取N＝40，发现存款到期时的余额为2685.06美元。

单利使我们的钱翻倍。年度复利可以使存款增长2.59倍，季度复利可以使存款增长2.69倍。如果银行的复利按月发放会发生什么？按每天呢？

对于每月的复利，银行每个月使存款增加了10%÷12。在代数上，如果月初时账户的余额是A，那么在月末账户余额为：

$$\left(1 + \frac{0.1}{12}\right) \times A$$

N个月后，定期存款的金额是

$$\left(1 + \frac{0.1}{12}\right)^N \times A \times 1000$$

如果我们用N＝120代替（因为十年内有120个月），到期后余额为2707.04美元。

一年中的天数是不同的（因为有闰年）。为了简化每日复利的计算，我们假设每年有365天。如果我们的银行每天加息，我们账户存款每天的

在第一个月，银行将支付1000美元的10%÷12=0.8333%，即约8.33美元。所以新的余额是1.00833× 1000 = 1008.33美元。

利率是10% ÷ 365。N天后，定期存款的余额是：

$$\left(1+\frac{0.1}{365}\right)^{N}\times 1000$$

取$N = 3650$，到期时为2717.91美元。

但是为什么要等到一天结束才能要求得到我们的利益呢？如果银行按每小时付息，该怎么办？……按每一分钟呢？……按每一秒呢？

这说明了一年的真实长度与365天有点不同。

一年有31,556,926秒，所以十年后的复利是

$$\left(1+\frac{0.1}{31556926}\right)^{10\times 31556926}\times 1000$$

等于2718.28美元。

让我们用一个图表总结我们的计算：

复利周期	支付
十年	$2000.00
一年	$2593.74
一季度	$2685.06
一月	$2707.04
一天	$2717.91
一秒	$2718.28

为什么在秒处停下？银行可能会选择每十分之一秒或每毫秒或纳秒付息，但是在几分之一秒内付息几乎不会改变净收益。付息保持为2718.28美元（但我们忽视的几分之一美分确实发生轻微的改变）。

在极限中，我们得出了连续复利的概念。如

果银行一点点地支付利息的话，确切的回报就是
$1000 \times e$美元！

连续复利是指数式增长（exponential growth）
的一个例子。设A是物质的初始量（金钱、微生物
等），物质在一段时间t内以速率r增长。如果新
产生的物质也在产生的瞬间开始生长（速率也为
r），那么当这段时间结束时，物质的总量为

$$Ae^{rt}$$

这里e是欧拉数。在我们的例子中，$A=1000$
（初始存款），$r=0.1$（利率），$t=10$（十
年），所以期末余额为$1000 \times e$。

同样，物质可以呈指数衰减。如果我们以A
代表物质的初始量，r代表衰变的速率，t代表时
间，那么到期后物质的量就是Ae^{-rt}。

一个指数衰减的好例子产
生于碳14年代测定法。该
公式用于通过测量存在的
碳14的相对量来计算化石
的年龄。

疯狂的帽子管理员

在很久以前，戏剧观众会戴着帽子观看演
出，当到达剧院时存起他们的帽子。演出结束
后，他们将拿回自己的帽子。

有一次，衣帽间管理员——也许有点醉，或
者天生就是精神错乱——在观众离开的时候，把
帽子随意还给观众。问题是：所有人都拿错帽子
的概率是多少？

让我们确保问题是准确的。有N个观众，他

参见第10章讨论阶乘记
号及其与计数顺序问题的
关系。

们排队等候拿回自己的帽子。疯狂的管理员以一些随机的顺序归还帽子。既然有 N 个观众，就有 $N!$ 种归还帽子的顺序。我们假设这些顺序中的每一种的可能性相等。这是我们对"随机"的解释。

例如，让我们考虑 $N=4$ 的情况。下面的图表显示了归还帽子的所有方式，我们用箭头标记那些所有人都拿错帽子的情况。

观众:	A	B	C	D		观众:	A	B	C	D
	A	B	C	D			C	A	B	D
	A	B	D	C		→	C	A	D	B
	A	C	B	D			C	B	A	D
	A	C	D	B			C	B	D	A
	A	D	B	C		→	C	D	A	B
	A	D	C	B		→	C	D	B	A
	B	A	C	D		→	D	A	B	C
→	B	A	D	C			D	A	C	B
	B	C	A	D			D	B	A	C
→	B	C	D	A			D	B	C	A
→	B	D	A	C		→	D	C	A	B
	B	D	C	A		→	D	C	B	A

N	概率
6	0.3680556
7	0.3678571
8	0.3678819
9	0.3678792
10	0.3678795
11	0.3678795
12	0.3678794
20	0.3678794
100	0.3678794

在24次发帽子的过程中，有9次所有人的帽子都是错的。所以 $N=4$ 时的概率是 $\frac{9}{24}$（或十进制的0.375）。

对于 $N=5$ 有 $5!=120$ 种不同的归还帽子的方法。其中，有44次所有人的帽子都是错的。所以，所有人都拿错帽子的概率是 $\frac{44}{120}$（或十进制的0.3666…）。左边的图表显示了N为较大值时的概率。一旦N为12，概率就会停止变化，但实际上，它确实在小数位之后略有变化。

通过一些先进的分析，我们可以得出一个精确的公式，即当N个剧场观众随意得到他们的帽子时，所有人都拿错帽子的概率是精确的

$$\frac{1}{0!} - \frac{1}{1!} + \frac{1}{2!} - \frac{1}{3!} + \ldots \pm \frac{1}{N!}$$

例如，当N=4时，得

$$\frac{1}{1} - \frac{1}{1} + \frac{1}{2} - \frac{1}{6} + \frac{1}{24} = \frac{24 - 24 + 12 - 4 + 1}{24} = \frac{9}{24}$$

这一结果与我们之前的分析结果是一致的。

在极限中，随着N增长到无穷大，所有人都拿错帽子的概率是

$$\frac{1}{0!} - \frac{1}{1!} + \frac{1}{2!} - \frac{1}{3!} + \frac{1}{4!} - \ldots \qquad （B）$$

后面的项会无限继续下去。注意这个表达式与公式（A）给出的e的相似性。（B）中的和为 $\frac{1}{e}$，即欧拉数的倒数！

如果N=10，（B）的值正好是 $\frac{16687}{45360}$，等于0.367879188712522…，这个值非常接近 $\frac{1}{e}$ =0.367879441171442…。

质数之间的平均差

对于那些熟悉对数的人来说：当我们考虑更大的整数时，一种衡量质数如何变得稀疏的方法是计算1和一个大整数N之间的质数。数论中的一个中心结论表明，1和N之间的质数数量约为$\frac{N}{\ln N}$，其中$\ln N$是N的以e为底数的对数。这个结论被称为质数定理（Prime Number Theorem）。

在第1章中，我们展示了无限多的质数。我们注意到，对于小的正整数，质数的出现频率很高，但是当我们转向更大的值时，质数会"变得稀疏"。我们可以通过思考连续质数之间的平均差来精确地说明质数如何变得"稀疏"。

让我们思考范围为1到20之间的质数。它们是

$$2，3，5，7，11，13，17和19$$

这些质数之间的差是

$$1，2，4，2，4和2$$

所以平均差是

$$\frac{1+2+2+4+2+4+2}{7}=\frac{17}{7}\approx 2.43$$

让我们来思考1到1000之间的质数的相同问题。有168个质数，以2，3，5开头，以983，991和997结束。这个范围内连续质数的平均差是

这个表达式中的分子是数学家称之为裂项求和（telescoping sum）的一个例子。想象一下由嵌套管构成的手持望远镜，望远镜折叠收起时，通过滑动使各部分重合。同样，分子中的每

$$\frac{(3-2)+(5-3)+(7-5)+\cdots+(991-983)+(997-991)}{167}$$

分母是167，因为有168个质数，所以有167个差。分子可以很容易地计算出来。请注意，第一项（3-2）中的+3在第二项（5-3）中被-3消除。同样，第二项中的+5在第三项中被（7-5）中的-5消除。实际上，括号内的每个"加"值都

被下一项的"减"值消除。在我们完成所有这些消除之后，剩下的唯一项是第一项中的−2和最后一项中的+997。因此，质数在值域1到1000的平均差是

$$\frac{997-2}{167}\approx 5.96$$

这是1到20之间的质数平均差的两倍多。

对于正整数N，让agap（N）代表1到N范围内的连续质数之间的平均差。例如，我们之前的计算可以写成：

$$\text{agap}（20）=\frac{17}{7}\approx 2.43 \text{和agap（1000）}=\frac{995}{167}$$

≈ 5.96

下面是一个agap（N）值的图表，N等于100，1000，10000，等等，高达10亿：

N	agap（N）
10^2	3.958
10^3	5.958
10^4	8.120
10^5	10.425
10^6	12.739
10^7	15.047
10^8	17.357
10^9	19.667

个项都"折叠"进下一个。所以从（3−2）到（997−991）的所有项折叠后，留下简洁的表达式（997−2）。

注意，每当N增加10倍时，agap（N）的值增加约2.3倍。

说明这种关系的一种方法是在广泛的N的值域内绘制agap（N）的值。在下面的图中，我们为N（在横轴上）与每个在垂直方向上相对应的agap（N）值绘制一个小星星。垂直轴具有标准间距，但水平轴采用了刻度使得每个后续标记比前一个标记大10倍。这被称为对数刻度（logarithmic scale）。

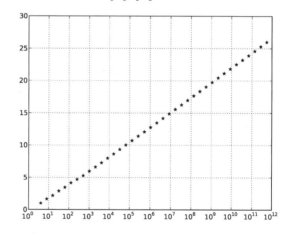

注意，星星（几乎）完全位于一条直线上。如果仔细观察，左下方稍微向上弯曲。

如果图中的星星恰好在一条直线上，那么我们就可以得到以下欧拉数的方程：

$$N = e^a + 1 \qquad\qquad (C)$$

其中a是agap（N）。例如，当$N = 10^{12}$时，我们得出agap（N）= 26.59，这与等式（C）所需得出的值$a = 26.63$是一致的。

一个奇迹般的等式

本章和前两章一直致力于三个奇妙的数字：
π，i和e。神奇的是，这三个数字出现在一个方程
中（得益于欧拉）：

$$e^{i\pi}+1=0$$

在被这个方程式的美丽和简朴震撼之后，
一个焦虑的时刻就会来临：e的虚数次幂意味着
什么？

我们知道e的正整数次幂是什么意思。例如，
$e^3=e\times e\times e$。负幂只是倒数的幂：$e^{-2}=\dfrac{1}{e}\times\dfrac{1}{e}$。分数
幂用平方根、立方根等来解释：$e^{\frac{1}{2}}=\sqrt{e}$。所以甚至
像$e^{-\frac{2}{3}}$那样"可怕"的东西也可以算出来：

$$e^{-\frac{2}{3}}=\frac{1}{\sqrt[3]{e}}\times\frac{1}{\sqrt[3]{e}}$$

但是，$e^{i\pi}$似乎并不适合这个框架。我们需要
另一种方法。

回想一下，e由方程（A）定义

$$e=\frac{1}{0!}+\frac{1}{1!}+\frac{1}{2!}+\frac{1}{3!}+\frac{1}{4!}+\ldots$$

事实证明，对于任何数字x，e^x的值是

$$e^x=\frac{1}{0!}+\frac{x}{1!}+\frac{x^2}{2!}+\frac{x^3}{3!}+\frac{x^4}{4!}+\ldots \qquad（D）$$

例如，如果我们取$x=-1$，那么方程（D）缩

我们忽略了推导欧拉公式
的许多步骤；我们的意
图是解释e的虚数次幂的
意义，并给出一个欧拉方
程证明的大纲。详细证明
需要一些三角函数和微积
分计算，这章不涉及这些
内容。

减为方程（B）。

为了评估$e^{i\pi}$，我们用（D）中的$i\pi$代替x得到

$$e^{i\pi} = \frac{1}{0!} + \frac{i\pi}{1!} + \frac{(i\pi)^2}{2!} + \frac{(i\pi)^3}{3!} + \frac{(i\pi)^4}{4!} + \ldots$$

让我们仔细看看这个表达式中的分子：

$$(i\pi)^2 = (i\pi) \times (i\pi) = i^2 \times \pi^2 = -\pi^2$$
$$(i\pi)^3 = i \times i \times i \times \pi^3 = -1 \times i \times \pi^3 = -i\pi^3$$
$$(i\pi)^4 = i^4 \times \pi^4 = \pi^4$$
$$(i\pi)^5 = -i\pi^5$$
$$(i\pi)^6 = -\pi^6$$
$$(i\pi)^7 = -i\pi^7$$
$$(i\pi)^8 = \pi^8$$
$$\vdots$$

注意，这些项在实数和虚数之间交替。分别合并实数和虚数

$$e^{i\pi} = \left(\frac{1}{0!} - \frac{\pi^2}{2!} + \frac{\pi^4}{4!} - \frac{\pi^6}{6!} + \ldots \right) + \left(\frac{\pi}{1!} - \frac{\pi^3}{3!} + \frac{\pi^5}{5!} - \frac{\pi^7}{7!} + \ldots \right) i$$

事实证明，第一个括号内的项正好是$\cos\pi$（等于-1），而第二个括号中的项是$\sin\pi$（等于0）。因此，

$$e^{i\pi} = \cos\pi + i\sin\pi = -1 + 0i = -1$$

这就是欧拉神话般的公式。

8. ∞

"飞向宇宙……超越无限！"是皮克斯动画公司电影《玩具总动员》中英勇无畏的太空游侠巴斯光年勇敢的战斗口号。巴斯的口号是有趣的，因为它是无稽之谈：怎么可能"超越"无穷呢？什么东西可能大于无穷？！这个问题的荒谬性显而易见，似乎可以阻止数学家提出这种问题，更不用说给予回答了。然而，这正是格奥尔格·康托尔（Georg Cantor）在19世纪末提出的问题。我们对这个问题的首要直觉就是给出"不"的答案：没有什么事物可以"超越无穷"。

但在某种情况下，我们的直觉是错误的。

康托尔的作品在数学和宗教哲学两个方面受到严厉批评。他的作品被广泛接受并被认为具有开创性的时间还不算太长。

集合

在数学中，每个概念都可以用更简单的概念来定义。在严格而有条理的数学发展中，复数用实数定义，实数用有理数定义，有理数用整数定义，等等。数学的高塔基于一个基本概念：

集合。

一个集合的标准记法是用大括号将所有成员括起来 {…}。

集合（set）就是事物的整体。例如，{1，2，5}是一个包含三个数字的集合，它与集合{2，5，1}相同，因为这与我们列出元素的顺序是不相关的。此外，一个对象要么属于一个集合，要么不属于一个集合；它只能在一个集合中出现一次。因此集合{1，1，2，5}与集合{1，2，5}是相同的，前一个集合中1的重复出现是多余的。

数学家使用符号∈来表示一个集合中的成员资格。例如，符号2∈{1，2，5}意味着："数字2是集合{1，2，5}中的一个元素。"带斜线的∈意味着对象不是集合中的元素。例如，3∉{1，2，5}。

对于一个集合A，我们用$|A|$代表集合A中元素的个数。例如$|\{1，2，5\}|=3$。我们称$|A|$为集合A的大小或基数（cardinality）。

诸如{1，2，5}的集合具有有限的大小。然而，$\mathbb{Z}$（所有整数的集合）具有无穷的基数，$\mathbb{R}$（所有实数的集合）也是如此。

我们如何判断两个集合的大小是否相同？最简单的方法是找出每个集合中元素的数量。例如，{1，2，5}和{3，8，11}的基数都等于3。这两个集合的大小相等。

数学家把一对一的对应称为双射（bijections）。

然而，另一种比较集合大小的方法是找到它们所包含的元素之间的一一对应关系。换句话说，我们不用计算两组元素的个数，而是看看如何将第一组中的每个元素与第二组中的元素进行配对。下面是集合{1，2，5}和{3，8，11}的一一对应关系：

1↔3，2↔8和5↔11。

对于具有明显相同大小的小集合而言，这种办法比较烦琐。

我们来考虑一个更复杂的例子。想象一下，有一个俱乐部有七名成员（为了简单起见，我们将他们命名为：1，2，3，…，7）。

有一年，俱乐部有机会派出三名成员参加全国性的会议。选择三位参与者的方法有很多种，设A是所有可能的三人组的集合：

$$A = \{123，124，125，\cdots，567\}$$

A的每个元素代表三个俱乐部成员的选择。例如，"237"表示成员2，3和7前往会议。

第二年，俱乐部的成员得知他们可以派出四名成员参加全国会议。设B为所有四人组的集合：

$$B = \{1234，1235，1236，\cdots，4567\}$$

因此A是俱乐部成员所有三人组的集合，而B是所有四人组的集合。

A和B大小相同吗？

如果仔细地写出两套完整的集合，你应该发现A和B有相同的成员数量。写下所有的可能性是枯燥乏味的，且容易出错。

然而，在这种情况下，通过找到元素之间的

稍后我们会看到集合A和B的大小。关键是，我们不需要通过知道|A|或|B|来确定|A|=|B|。

一对一对应的关系，就更容易证明A和B具有相同的基数。思路如下：

123↔4567
124↔3567
125↔3467
⋮
356↔1247
⋮
567↔1234

俱乐部成员决定，第一年参加这个会议的人将没有资格参加第二年的会议。第一年没去的四名成员将会参加第二年的会议。我们所看到的是，第一年会议的三人组的选择与参加次年会议的四人组相一致。通过这种方式，我们可以将每一个三人组与一个四人组配对。例如，如果俱乐部成员1，4和5参加了第一次会议，2，3，6，7参加第二次会议。我们表示为145↔2367。

如果我们要写出所有的可能性，这些列表看起来就像在左边显示的那样。A和B成员之间的这种一对一的对应关系表明这两个集合具有相同的大小。

你可以尝试完整地写出两个集合，然后统计每个集合中元素的个数（但是一对一的对应免去了单调乏味）。答案在第93页。

总之，我们有两种方法来证明一对有限（finite）集具有相同的大小：我们可以确切地计算每个集合里元素的个数，或者我们可以找到它们的元素之间的一一对应关系。但是，如果集合包含无限多的元素，则第一种方法不适用于：没有数——没有整数——是 ℝ（实数集合）的基数。为了表明两个无穷集具有相同的大小，我们必须在它们的元素之间找出一一对应的关系。举例说明如下。

回想一下，ℤ代表整数的集合：

$$\mathbb{Z} = \{\cdots-3,\ -2,\ -1,\ 0,\ 1,\ 2,\ 3,\ \cdots\}$$

我们用符号 $\mathbb{Z}^+$ 来表示*正整数*的集合：

$$\mathbb{Z}^+ = \{1,\ 2,\ 3,\ 4,\ \cdots\}$$

$\mathbb{Z}$ 和 $\mathbb{Z}^+$ 大小相同吗？

鉴于我们在本章开头提出的疑问，可能会想到 $\mathbb{Z}$ 为 $\mathbb{Z}^+$ 的两倍，因此 $\mathbb{Z}$ 是"无穷的两倍"。但是，这些集具有相同的大小。我们怎么知道？我们用一对一的对应表示。

我们做两个列表。第一个列表只包含正整数，第二个列表包含所有整数（但不按照其通常的顺序）。通过将第一个列表中的数字与第二个中的数字进行配对，我们可以看出联系。如下面图表所示。

$\mathbb{Z}^+$		$\mathbb{Z}$
1	↔	0
2	↔	1
3	↔	−1
4	↔	2
5	↔	−2
6	↔	3
7	↔	−3
8	↔	4
⋮	⋮	⋮

该图表显示了 $\mathbb{Z}^+$ 和 $\mathbb{Z}$ 之间的一一对应关系。

这里为你准备了两道题。这个图表的第100行看起来像这样：100↔???。右边是什么数字？之后在图表中我们会发现???↔100和???↔-100。这些行左边的数字是什么？答案在第93页。

结论是 $\mathbb{Z}$ 和 $\mathbb{Z}^+$ 大小相同。这也许并不奇怪，因为两者都是无穷的。

大小不等的无穷集合

通过一对一的对应关系，我们发现 $\mathbb{Z}^+$ 和 $\mathbb{Z}$ 具有相同的大小，它们是"同样无穷的"。我们准备了一个更有趣的问题：$\mathbb{Z}^+$ 和 $\mathbb{R}$ 大小相同吗？诚然，两者都是无穷的，但要证明它们"同样的无穷"，我们需要找到它们的元素之间的一一对应关系。但是，我们将会证明，这种对应是不可能的。

为了演示一对一的对应关系（比如在 $\mathbb{Z}^+$ 和 $\mathbb{Z}$ 之间），我们展示如何将第一个集合中的每个元素与第二个集合中的元素进行配对（并确保一个集合中的所有元素都与另一个集合中的不同的元素配对）。但是我们如何证明 $\mathbb{Z}^+$ 和 $\mathbb{R}$ 之间不存在这种对应关系？我们将证明，任何构建 $\mathbb{Z}^+$ 和 $\mathbb{R}$ 中配对元素的图表都是注定要失败的，因为它漏掉了 $\mathbb{R}$ 的某个成员。论证过程如下：

想象一下，我们已经写下了 $\mathbb{Z}^+$ 和 $\mathbb{R}$ 之间的一一对应关系。这意味着我们创建了一个如下所示的图表：

$\mathbb{Z}^+$		$\mathbb{R}$
1	↔	0.349087329190875⋯
2	↔	3.587908798534216⋯
3	↔	5.547711170105908⋯
4	↔	2.224321155332273⋯
5	↔	9.991260000123015⋯
⋮	⋮	⋮

每个正整数都出现在左列且（据称）每个实数都出现在右边。我们现在要证明，无论我们如何填写右列，都有一个我们忽略的实数。

但是，首先，我们需要停下来解决一些小技术上的麻烦。一些实数可以以两种不同的方式用十进制记数法表示，比如数字$\frac{1}{4}$。一方面，我们可以把它写成0.25；另一方面，它也等于0.24999999…，其中数字9永远延续下去。这两个都是用十进制正确表示$\frac{1}{4}$的方法。最简单的0.25也可以写成以无穷多的0结尾的形式：

$$\frac{1}{4} = \begin{cases} 0.250000000000\cdots \\ 0.249999999999\cdots \end{cases}$$

在最初读本章中可以跳过这一段。我们只是为了使论点完整且清晰而明确技术细节。

假设在图表中，只要可以选择表示的方法，我们便选择一个更简单的以一连串0结束的表示。这个选择并不重要，我们只是想确定我们已经清楚了解如何在右列中填写实数。

现在回到证明过程。想象一下，我们已经创建了一个显示所谓的一一对应关系的图表。现在我们要找到图表右列中缺少的实数。

我们先给第一行小数点后面的第一位数字加下划线，然后给第二行中小数点后面的第二位数字加下划线，再给第三行中小数点后面的第三位数字加下划线，以此类推。我们得到：

$\mathbb{Z}^+$		$\mathbb{R}$
1	↔	0.349087329190875⋯
2	↔	3.587908798534216⋯
3	↔	5.547711170105908⋯
4	↔	2.224321155332273⋯
5	↔	9.991260000123015⋯
⋮	⋮	⋮

带下划线的数字序列是3，8，7，3，6，⋯我们使用这个数字序列来建立一个实数。

我们从零和小数点0._____开始，然后按照下面的两个规则依次使用带下划线的数字序列来填充小数点右边的位置：

（A）如果带下划线的数字是3，则在数字后面加上一个7。

（B）如果带下划线的数字不是3，则在数字后面加上一个3。

让我们为无限序列3，8，7，3，6，⋯算出结果。

我们从0._____开始。

第一个带下划线的数字是3，所以适用规则（A）。这告诉我们在小数点后面放一个7；我们现在有0.7_____。

第二个带下划线的数字是8，所以规则（B）适用。我们在末尾放一个3；我们现在有0.73_____。

接下来是7，规则（B）再次适用。我们再放上另一个3：0.733_____。

第四个下划线的数字又是一个3，所以按照规则（A）在末尾加一个7：0.7337＿＿。

序列中的第五个数字是6；按照规则（B）我们添加一个3得到0.73373＿＿。

我们继续逐一编写序列，附加3或7（取决于序列中当前带下划线的数字）以创建一个我们命名为x的数字。依据我们例子中的序列，$x＝0.73373\cdots$，其余数字通过应用规则（A）和（B）进行填充。

这一过程概括如下：

带下划线的数字序列是：　3　8　7　3　6…

　　　　　　　　　　　　↓　↓　↓　↓　↓

　　　0.之后的数字是：　7　3　3　7　3…

　　　　依据的规则：　　A　B　B　A　B…

我们通过这个过程产生的数字x取决于图表。不同的图表会建立一个不同的x。我们要求的是，无论图表是什么，实数x都不出现在右列，因此图表不能显示$\mathbb{Z}^+$和$\mathbb{R}$之间具有有效的一一对应关系。

从顶部开始，我们断言x不是图表第一行的实数。原因如下：假设第一行是$1\leftrightarrow Y_1$。Y_1中小数点后的第一位是多少？如果是3，则x的相应数字是7。但是如果Y_1中小数点后面的第一个数字不是3，那么x中的相应数字就是3。情况如下：

Y_1	x	
0.3yyyyyy···	0.7xxxxxx···	规则（A）
0.?_yyyyyy···	0.3xxxxxx···	规则（B）

　　其中？是除3之外的任何数字。我们看到的是x和Y_1是不同的；不论出现在Y_1的小数点后面的数字是什么，x中所对应的数字都是不同的数字。因为x和Y_1在小数点后第一位就有区别，所以它们是不同的数字。所以x不是图表第一行的实数。

　　x出现在第二行吗？我们将第二行右边的实数称为Y_2，即$2\leftrightarrow Y_2$。在这种情况下，我们检查Y_2和x每个小数点后面的第二个数字。如果是Y_2中的3，那么它就是7。如果不是Y_2中的3，那么它是x中的3。情况如下：

Y_2	x	
0.y3yyyyy···	0.x7xxxxx···	规则（A）
0.y?_yyyyy···	0.x3xxxxx···	规则（B）

　　像之前一样，？是除3之外的任何数字。我们看到的是Y_2和x是不同的数字，因为小数点后的第二个数字也是不同的。因此x不在图表的第二行。

　　到目前为止，我们已经表明，x既不在图表的第一行也不在第二行。但是如果图表代表$\mathbb{Z}^+$和$\mathbb{R}$之间的一一对应关系，则x必须在第二列的某处。换句话说，对于某个正整数k，x出现在图表的第k行；也就是说，我们可以在图表中找到这一行：$k\leftrightarrow Y_k=x$。但是现在我们遇到了和以前完全相同的问题。x和Y_k的第k个十进制数字是什么？如果Y_k中的那个数字是3，那么x中相应的数字是7。但是如果Y_k中的数字不是3，那么x中与之对应的数字是3。最后一次：

Y_k	x	
$0.yy...yy\underline{3}yyyyy\cdots$	$0.xx...xx7xxxxx\cdots$	规则（A）
$0.yy...yy\underline{?}yyyyy\cdots$	$0.xx...xx3xxxxx\cdots$	规则（B）

其中？是除了3之外的任何数字。由于x和Y_k的第k个数字不同，所以这些是不同的数字。

我们的论点表明，实数x不会出现在这个图表的右列的任何地方。我们可以尝试通过制作新的图表来解决这个问题，也许在开始时插入x。但是，按照适用于这个新的图表的规则（A）和（B）的程序，我们保证会找到新图表所漏掉的另一个不同的数字x'。

结论是每张图都有缺陷！$\mathbb{Z}^+$和$\mathbb{R}$之间不可能形成一一对应的关系。

超限数

我们已经表明$\mathbb{Z}^+$和$\mathbb{Z}$大小相同。它们不仅都是无穷的，而且我们可以发现它们的元素之间存在一一对应关系。集合$\mathbb{Z}^+$和$\mathbb{Z}$具有相同（无穷）的大小。

每个正整数也是实数的说法也可以这样表达：$\mathbb{Z}^+$是$\mathbb{R}$的一个子集。

但是，即使$\mathbb{Z}^+$和$\mathbb{R}$都是无穷的，也不能找到这样的对应关系。由于每个正整数也是一个实数，集合$\mathbb{R}$显然比$\mathbb{Z}^+$"大"。没有足够的正整数能与实数来进行一对一的配对。

有限集的大小可以用一个数字来描述。集合$A = \{1，3，7，9\}$的大小为四：$|A| = 4$。我们如何描述无限集的大小？在康托尔的工作之前，可爱的∞符号或许能满足我们。我们可能会想写$|\mathbb{Z}^+| = \infty$和$|\mathbb{R}| = \infty$，然后错误地做出$|\mathbb{Z}^+| = |\mathbb{R}|$的结论。$\infty$符号没有提供足够的细微差别来区分$\mathbb{Z}^+$的大小和$\mathbb{R}$的大小。

为了弥补这一点，康托尔开发了一个全新的超越有限的数字体系。这些新的数字被称为"超限数"，用来体现无限集合的大小。

事实证明，$\mathbb{Z}^+$是一个"最小"的无限集合。这是什么意思？假设X是无限集合。$\mathbb{Z}^+$和X之间可能存在也可能不存在一对一的对应关系，但是数学家们已经证明，$\mathbb{Z}^+$和X的某个部分之间总是存在一一对应关系。换句话说，$\mathbb{Z}^+$和X或大小相同，或X的某个部分（但不是全部）具有与$\mathbb{Z}^+$相同的大小。

与$\mathbb{Z}^+$具有相同大小的集合称为可数无穷（countably infinite）。它们是最小的无穷集合。康托尔用符号$\aleph_0$代表$\mathbb{Z}^+$的大小。在符号中，$|\mathbb{Z}^+| = \aleph_0$。因为$\mathbb{Z}$和$\mathbb{Z}^+$之间存在一一对应关系，我们也可以写成$|\mathbb{Z}| = \aleph_0$。但是，由于$\mathbb{R}$比$\mathbb{Z}^+$更无穷，$|\mathbb{R}| > \aleph_0$的写法是正确的。因为$\aleph_0$代表无穷

符号$\aleph$是希伯来字母的第一个字母：aleph。符号$\aleph_0$通常读为aleph null或aleph naught。

集合的大小，所以不是一个整数。相反，它被称
为超限数，$\aleph_0$是最小的超限数。

要报告更大的无穷集合的大小，就有浩瀚
无际的超限数字。比$\aleph_0$大的集合是不可数的，而
数学家已经表明，$\aleph_0$的上一层有一个清晰的"无
穷级"。也就是说，我们可以显示有一个集合
X，它首先具有属性（a）：$|X|>\aleph_0$。但也有属性
（b）：没有大小介于$|X|$和$\aleph_0$之间的集合。这个大
小的集合被认为具有基数$\aleph_1$。在符号中，$\aleph_0<\aleph_1$，
但$\aleph_0$和$\aleph_1$之间不存在超限数。

事实上，有一个完整的超限数的阶梯，
$\aleph_0<\aleph_1<\aleph_2<\aleph_3<\cdots$。这个层级体系扩展到大于任
何$\aleph_k$（其中k是一个整数）的超限数。大于$\aleph_k$（对
于所有整数k）的最小超限数称为$\aleph_\omega$，除此之外，
还有无限多的超限数！

在这个体系中实数集$\mathbb{R}$在哪里？我们已经确
定了$|\mathbb{R}|>\aleph_0$。但是我们可以精确地确定$\mathbb{R}$的大小
吗？到底有多少个实数？

古怪的基

想象一下，你进入了一个美丽的建筑。一个
宏伟的入口通往大理石楼梯，将你带到指定的美
妙的客房。但是，如果你找到地下室的门，并向
下走，景象迅速改变。在那里，你会发现管道和
布线，刺眼的照明和没铺好的地板，也许还有一

些虫子在爬。地下室是一个恐怖的地方，但它是其余结构的基础。

对于我们称之为数学的建筑来说，这是一个合理的比喻。正如我们在本章开头描述的，数学中的每个概念（从整数到圆）都是用简单的概念来定义的。在某种程度上，这个过程必然会"触底"，我们会得出数学中最基本的一个概念，它是其他概念之源。这个概念就是集合。

我们用集合描述事物的整体，但是我们既没有定义整体（它似乎只是另一种说"集合"的方式），也没有为集合中可以归入的事物类型费神（因为"事物"没有数学上的定义）。我们如何摆脱这个困境?

康托尔和其他人所使用的这种方法被称为朴素集合论（naive set theory）。

起初，数学家在处理这种情况方面有点随心所欲。我们假定有些事物叫集合，存在一个叫作"是……的一个元素"的关系，其符号是∈，我们可以从那里继续。这让我们陷入了一些麻烦。

我们设想的"第一个集合"是空集（empty set）。这是一个没有成员的集合，我们用符号∅代表它。空集的基数（大小）为0，任何"$x \in \emptyset$"的陈述都是假的（因为∅没有成员）。

一个集合能成为另一个集合的成员吗? 当然! 例如，集合{1，2}是下面这个集合的一个元素：{0，{1，2}，3，6，7}。这个集合有五个成员: 数字0，3，6和7以及集合{1，2}。

然后我们想：我们可以根据成员的属性来定义集合。例如，偶数集合可以这样描述：

$$\{x | x是一个整数，\frac{x}{2}也是一个整数\}$$

一般来说，符号 $\{x | x的属性\}$ 表示满足所

列属性的所有元素的集合。这让我们陷入了一堆麻烦。

在20世纪初,哲学家和数学家伯特兰·罗素(Bertrand Russell)对这个集合进行了思考:

$A = \{x|x$是一个集合,且$x \notin x\}$

这是由那些不属于自身的集合组成的集合。例如,空集满足这个性质: $\varnothing \notin \varnothing$。因为$\varnothing$不包含任何元素。集合$x$在$A$中的标准很简单:它不能是它自己的成员。由$\varnothing \notin \varnothing$我们得出$\varnothing \in A$。

然后罗素提出了这一致命的问题: $A \in A$吗?

- 如果答案是"是",那么$A \in A$。为了令$A \in A$,一定是A满足所限定的属性: A不包含于A。用符号表示为, $A \notin A$。
- 如果答案是"否",那么$A \notin A$。但是A满足A所限定的属性,这意味着A包含于A。用符号表示为, $A \in A$。

如果我们认为$A \in A$,我们必定得出$A \notin A$。如果$A \notin A$,那么我们必定得出$A \in A$。A不可能既是成员又不是成员!非常严重的问题出现了。

这个悖论的含义之一是集合A是不存在的。没有这样的集合。

在罗素对这一问题所做研究之后的几年里,一套新的集合论方法得到发展。一组明确的、无歧义的(更准确地说,是在技术上)规则被提出,它包括集合的表现以及形成的方式。集合

罗素的成就之一是1950年获得诺贝尔文学奖。

这个矛盾被称为罗素悖论(Russell's antinomy)。

这个新方法成功定义了集合,被称为公理集合论(axiomatic set theory)。这套规则描述了集合如何表现以及如何形成集合,被普遍接受,它以规则的

创造者恩斯特 · 策梅洛（Ernst Zermelo）和亚伯拉罕 · 弗兰克尔（Abraham Fraenkel）命名：被称为ZF公理。

和∈的定义隐含在这个方法中。我们并没有真正说出它们是什么，只是描述它们拥有的属性。那么我们简单地假设存在具有由规则列表描述的属性，并从这里着手我们的研究。新的规则阻止了罗素悖论朝着畸形方向发展，克服了进一步的悖论。

我们回到最初的问题：有多少个实数？我们知道正整数的数量是$\aleph_0$。而且我们知道$|\mathbb{R}| > \aleph_0$。但是$|\mathbb{R}| = \aleph_1$吗？这意味着没有集合符合介于$\mathbb{Z}^+$和$\mathbb{R}$之间的大小，康托尔相信$|\mathbb{R}| = \aleph_1$，但不能证明这一点。他把这个猜想称为连续统假设（continuum hypothesis）。这个问题引起了极大的关注。1900年，德国数学家大卫 · 希尔伯特（David Hilbert）列出了他所认为的"20世纪最重要的23个数学问题"。连续统假设的证明（或者反证）位列第一。

希尔伯特的第一个问题已经解决了，但不是以他所期望的方式。简短但完整的答案是："依情况而定。"

呃。数学最宝贵的方面是它的问题（通常是！）有一个明确的答案。对连续统假设的"可能是/可能不是"的似是而非的答案似乎在推翻这种确定性。答案怎么能如此模棱两可呢？

库尔特 · 哥德尔（Kurt Gödel）在20世纪40年代和保罗 · 科恩（Paul Cohen）在20世纪60年代的研究表明，公理集合论的标准规则并不足以回答这个问题。更具体地说，他们表明，无法证明或反驳存在一个大小严格介于 $\mathbb{Z}^+$ 和 $\mathbb{R}$ 之间的集合。
下面是另一种思考方式：可以有把握地假设 $|\mathbb{R}| = \aleph_1$
或 $|\mathbb{R}| > \aleph_1$。我们只是拥有两种不同的数学系统，
两者都是正确的——只是互有差别。

这里是之前描述的集合 A 和 B 中元素的完整列表：我们可
以用数字1到7创建的三人组和四人组。每个集合中有35个元
素，我们在这里使用之前描述的一对一的对应关系：

$123 \leftrightarrow 4567$ $124 \leftrightarrow 3567$ $125 \leftrightarrow 3467$ $126 \leftrightarrow 3457$ $127 \leftrightarrow 3456$

$134 \leftrightarrow 2567$ $135 \leftrightarrow 2467$ $136 \leftrightarrow 2457$ $137 \leftrightarrow 2456$ $145 \leftrightarrow 2367$

$146 \leftrightarrow 2357$ $147 \leftrightarrow 2356$ $156 \leftrightarrow 2347$ $157 \leftrightarrow 2346$ $167 \leftrightarrow 2345$

$234 \leftrightarrow 1567$ $235 \leftrightarrow 1467$ $236 \leftrightarrow 1457$ $237 \leftrightarrow 1456$ $245 \leftrightarrow 1367$

$246 \leftrightarrow 1357$ $247 \leftrightarrow 1356$ $256 \leftrightarrow 1347$ $257 \leftrightarrow 1346$ $267 \leftrightarrow 1345$

$345 \leftrightarrow 1267$ $346 \leftrightarrow 1257$ $347 \leftrightarrow 1256$ $356 \leftrightarrow 1247$ $357 \leftrightarrow 1246$

$367 \leftrightarrow 1245$ $456 \leftrightarrow 1237$ $457 \leftrightarrow 1236$ $467 \leftrightarrow 1235$ $567 \leftrightarrow 1234$

问题答案：第100行为 $100 \leftrightarrow 50$，之后为 $200 \leftrightarrow 100$ 和 $201 \leftrightarrow -101$。

9. 斐波那契数列

正方形和多米诺骨牌

本章介绍著名的斐波那契数列1，1，2，3，5，8，13，21等。这个序列是为了纪念莱昂纳多·波那契（Leonardo Bonacci）而得名的，他也被称为"斐波那契"。

我们从铺瓷砖问题开始。想象一个长的水平放置的1×10的矩形方框。我们要用大小为1×1的方块和大小为1×2的多米诺骨牌铺满这个框。下面是平铺图：

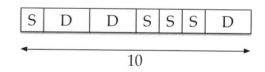

我们要求瓷砖S（1×1）和D（1×2）填满整个面积为1×10的方框（无间隙）。

我们要问的问题是：我们可以用多少种不同的方法来平铺大小为1×10的方框？

我们可以很容易地给这个问题的答案取一个名字：我们将这个答案称为F_{10}，假设F代表"填满"。

绘制一个1×10的矩形可能被填满的图形，然后进行计数的过程是复杂且容易出错的。更好的方法是将问题简化。

与其试图找到F_{10}，不如让我们从F_1开始。这太简单了！我们只要计算出用方块（$1×1$）和多米诺骨牌（$1×2$）铺满大小为$1×1$的方框的方法。由于多米诺骨牌其实不适合分配的空间，所以只有一种解决方案：用一个正方形填充方框。换句话说，$F_1=1$。

现在让我们试试F_2，框架大小为$1×2$。我们可以用两个方块填充方框，或者我们可以用一个多米诺骨牌填充。填充$1×2$的方框有两种可能的方式，所以$F_2=2$。

下一个：铺满大小为$1×3$的方框有多少种方法？我们可以把三个方块（SSS）作为一种可能性，或者我们可以放入一个单独的多米诺骨牌（我们不能放两个），要么靠左（DS），要么靠右（SD），那么会有三种平铺方式，$F_3=3$。

还有一个特例：我们可以有多少种方法用方块和多米诺骨牌铺满一个大小为$1×4$的方框？下面是包含所有可能性的图：

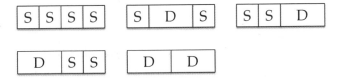

我们列出了五个，但这是所有方法吗？以下为检验方法。

框架中最左边的瓷砖可以是方块或多米诺骨牌。在图中，第一行显示以S开头的平铺方式，底行列出以D开头的方式。

当最左边的瓷砖是S时，我们需要用S和D来填充方框的其余部分。那么，其余部分尺寸为 1×3，我们已经计算出有 $F_3 = 3$ 种方法来做到这一点。

现在，当最左边的瓷砖是D时，我们需要用S和D来填充方框的其余部分。但在这种情况下，剩余的空间要填充的尺寸是 1×2。填充 1×2 的方式的数量是 $F_2 = 2$。

总而言之，有 $3 + 2 = 5$ 种方法来平铺大小为 1×4 的方框，我们已经确认 $F_4 = 5$。

现在轮到你了。花几分钟时间查找大小为 1×5 的方框的所有平铺方法。数字不大，答案在第112页。

让我们总结一下。我们使用符号 F_n 来表示用方块和多米诺骨牌平铺 $1 \times n$ 的方框的方法的数量。原来的问题是计算出 F_{10} 的值，以下是我们目前所知的值：

F_1	F_2	F_3	F_4	F_5
1	2	3	5	8

让我们继续。F_6 是多少？我们可以花时间去画出所有的可能性，但是这个过程很乏味。相反，我们可以把问题分解成两部分。有多少种平铺大小为 1×6 的方框的办法，其中（a）第一个瓷砖是S或（b）第一个瓷砖是D？好消息是，我们已经知道这两个问题的答案！

在情况（a）中，如果第一个图块是S，则剩余的空白空间大小为1×5，并且有$F_5 = 8$种方式来填充它。在情况（b）中，剩余的空白空间大小为1×4，并且有$F_4 = 5$种方式来填充它。因此$F_6 = F_5 + F_4 = 8 + 5 = 13$。

F_7的值是什么？同样的论证，$F_7 = F_6 + F_5 = 13 + 8 = 21$。$F_8$呢？$F_8 = F_7 + F_6 = 21 + 13 = 34$。依此类推。我们观察到的是以下关系：

$$F_n = F_{n-1} + F_{n-2}$$

只需再做几次加法便可以得出F_{10}的值。算出这个问题，答案在第112页。

斐波那契数

斐波那契数是序列：

1，1，2，3，5，8，13，21，34，55，89，…

它是由以下规则产生的：

- 前两项是1和1，且
- 之后的每一项都是前两项之和

我们使用符号F_n来表示以$n = 0$开始的第n个斐波那契数：

$$F_0 = 1, \ F_1 = 1, \ F_2 = 2, \ F_3 = 3, \ F_4 = 5$$

以此类推。我们通过重复应用规则生成序列的其余部分

$$F_n = F_{n-1} + F_{n-2}$$

换句话说，斐波那契数恰恰是我们在本章开始所描述的铺瓷砖问题的解决方案。

斐波那契数有无数的有趣特性，令几代数学家为之着迷。许多数学家就这个主题发表过论述。在本章中，我们的目标是阐释一些有趣的数学证明方法，然后用第 n 个斐波那契数的公式作为结束。

斐波那契数之和

当我们将前几个斐波那契数相加时会发生什么？也就是说，对于 n 的各种值，我们能从 $F_0 + F_1 + \cdots + F_n$ 得出什么。让我们做一些计算，看看发生了什么。

仔细观察下一页方框中计算出的结果（下一页）。你看到规律了吗？在阅读之前花几分钟，因为最好能自己发现这个结果，而不是简单地看答案。

你有没有找到这个规律？如果没有，回去继续寻找。

$$1 = 1$$
$$1 + 1 = 2$$
$$1 + 1 + 2 = 4$$
$$1 + 1 + 2 + 3 = 7$$
$$1 + 1 + 2 + 3 + 5 = 12$$
$$1 + 1 + 2 + 3 + 5 + 8 = 20$$
$$1 + 1 + 2 + 3 + 5 + 8 + 13 = 33$$
$$1 + 1 + 2 + 3 + 5 + 8 + 13 + 21 = 54$$
$$1 + 1 + 2 + 3 + 5 + 8 + 13 + 21 + 34 = 88$$
$$1 + 1 + 2 + 3 + 5 + 8 + 13 + 21 + 34 + 55 = 143$$
$$1 + 1 + 2 + 3 + 5 + 8 + 13 + 21 + 34 + 55 + 89 = 232$$

斐波那契数之和

我们希望你发现的是，右边的数字都比左边的一个斐波那契数少1。例如，将F_0到F_5相加得出：

$$F_0 + F_1 + F_2 + F_3 + F_4 + F_5 = 1 + 1 + 2 + 3 + 5 + 8 = 20 = F_7 - 1$$

将F_0到F_6相加得出33，这比$F_8 = 34$少1。这个规律适用于我们提出的所有例子，所以可以合理推出适用于所有非负整数n的公式：

$$F_0 + F_1 + F_2 + \cdots + F_n = F_{n+2} - 1 \qquad (*)$$

也许用方程式（*）计算十几次就足以让你相信这个规律适用于所有的n，但是数学家需要证明。我很高兴向你介绍两种证明"（*）适用于所有整数n"的截然不同的方法。这两种方法被称为归纳证明（proof by induction）和组合证明（combinatorial proof）。

归纳证明

方程式（＊）实际上是无限多个方程。证明
（＊）适用于特定的n的值，假设$n=6$，只是一个
算术问题。我们观察F_0和F_6的值，并将其相加：

$$F_0+F_1+\cdots+F_6=1+1+2+3+5+8+13=33$$

然后我们观察F_8（34），我们得到了预期的
答案（确实如此）。

接下来我们检验$n=7$。我们可以将F_0到F_7相
加，但这似乎是浪费时间。我们已经加到了F_6，
所以让我们利用这一点。因为$F_7=21$，我们只需
这样做：

$$(F_0+F_1+\cdots+F_6)+F_7=33+21=54$$

和以前一样，因为$F_9=55$，我们可以看到结
果等于F_9-1，如我们所料。

让我们证明（＊）适用于$n=8$，我们将会更加
懒惰。以下是我们已经知道的条件以及我们想要
计算的内容：

> 已知：$F_0+F_1+\cdots+F_7=F_9-1$
>
> 求：$F_0+F_1+\cdots+F_7+F_8=?$

让我们用已知条件获得帮助：

$$(F_0+F_1+\cdots+F_7)+F_8$$

我们知道圆括号内的和的值：它等于F_9-1，所以让我们把它放入：

$$(F_0+F_1+\cdots+F_7)+F_8=(F_9-1)+F_8$$

所以现在我们只需要计算F_9-1+F_8。我们可以通过查看F_8和F_9的值然后做一些算术来得出答案。但我们可以更懒惰！我们知道$F_8+F_9=F_{10}$，所以我们完成了计算，而不必进行实际计算（甚至查找斐波那契数）：

$$(F_0+F_1+\cdots+F_7)+F_8=(F_9-1)+F_8$$
$$=(F_8+F_9)-1=F_{10}-1$$

在$n=7$的情况下，我们已经成功地检验了$n=8$的情况。

可以通过相同的技巧从$n=8$的情况导出$n=9$的情况。（你可以检验一遍！）事实上，鉴于我们已验证（＊）适用于n的某一个值，我们可以使用该结果来快速验证适用于（＊）的下一个情况。

我们现在准备给出方程（＊）的完整证明。正如我们所提到的，（＊）不是一个单一的等式，而是一个无限的等式列表：对于从0开始的n的每个值，都有一个等式。以下是证明过程。

我们首先证明（＊）所适用的最简单的情况，$n=0$。也就是说，我们只需要证明F_0等于$F_{0+2}-1$。因为$F_0=1$且$F_2=2$，显然$F_0=F_2-1$（这只是写$1=2-1$的一种奇特的方式）。

接下来我们将展示，如果我们已经证明（＊）

适用于 n 的一个值（例如 $n=k$），那么我们可以通过类似"自动驾驶"的方式证明（＊）适用于 n 下一个值（比如 $n=k+1$）。我们所要做的就是展示"自动驾驶"是如何工作的。这是我们需要做的事情：

设 k 是一些具体的数字。

假设已知：$F_0+F_1+\cdots+F_k=F_{k+2}-1$

求：$F_0+F_1+\cdots+F_k+F_{k+1}=?$

我们想要计算 $F_0+F_1+\cdots+F_k+F_{k+1}$，并且我们已经知道了直到 F_k 的项的总和。让我们把已知代入：

$$(F_0+F_1+\cdots+F_k)+F_{k+1}=(F_{k+2}-1)+F_{k+1}$$

右边是 $F_{k+2}-1+F_{k+1}$，我们知道如何相加连续的斐波那契数。得：

$$F_{k+2}-1+F_{k+1}=(F_{k+1}+F_{k+2})-1=F_{k+3}-1$$

代入后得：

$$(F_0+F_1+\cdots+F_k)+F_{k+1}=F_{k+3}-1$$

让我们梳理刚刚的步骤。当（＊）式加到 F_K 这项时是正确的，那么（＊）式中到 F_{K+1} 这项时也一定正确。

总结：

- 对于 $n=0$ 方程式（＊）是成立的。
- 如果（＊）在一种给定情形下已知是成立的，则下一种也肯定是成立的。

现在我们可以肯定地说，（＊）对于所有 n 的值都是成立的。当 $n=4987$ 时，（＊）是成立的吗？我们可以确定 $n=4986$ 是否成立，这个问题转化为 $n=4985$ 的情形，它取决于 $n=4984$ 的情形，依此类推，一直回到 $n=0$ 的情况。这样，方程（＊）适用于所有可能的 n 值。

这种证明（＊）的方法被称为数学归纳法（或归纳证明）。这种方法先给出一个基本例子的证明，然后证明后面的每一项如何由前面已经证明的例子推出。

组合证明

我们现在介绍一种完全不同的证明（＊）的方法。第二个证明的核心思想是使用 F_n 是这个计数问题的答案这一事实：用方块和多米诺骨牌铺满一个大小为 $1 \times n$ 的方框的瓷砖数量。

为了方便起见，下面是我们想要证明的等式：

$$F_0+F_1+F_2+\cdots+F_n=F_{n+2}-1 \qquad （＊）$$

这个想法是理解这个方程的两边作为计数问

"组合"（combinatorial）一词是名词"组合数学"（combinatorics）的形容词形式，是数学的一个分支，源于本章开头像铺瓷砖问题这种计数问题。单词"组合数学"源自单词"组合"（combinations）。

题的解决方案。如果我们能证明（＊）的左边和右边是同一个计数问题的正确答案，那么它们必然是相同的。这种计数被称为*组合证明*。

问题是：（＊）得出两个正确答案的计数问题是什么？这个难题就像电视竞赛节目《危险游戏》（*Jeopardy*）！参赛者在回答问题时必须提出问题。

右边更容易思考，所以让我们从右边开始。答案是：$F_{n+2} - 1$。问题是什么？如果答案只是 F_{n+2}，那么我们已经有一个问题可以提出：用方块和多米诺骨牌铺满一个长为（$n+2$）的方框的瓷砖数量是多少？

这个问题几乎就是我们想要的，但还不是。通过稍微修改这个问题，我们可以将答案调整为 1。也就是说，让我们丢弃其中一个瓷砖，然后计算其余的。棘手的部分是认为其中一种瓷砖与其他瓷砖在某种程度上有所"不同"。是否存在一种不同于其他任何一个的瓷砖呢？

每块瓷砖都是由方块和多米诺骨牌组成的。只有一块瓷砖里完全是方块，其余的都至少有一个多米诺骨牌。我们用这个作为我们问题的基础：

> 问题：用方块和多米诺骨牌铺满一个大小（$n+2$）×1的方框，需要使用至少一块多米诺骨牌，有多少种铺法？

我们现在给出了问题的两个正确答案。既然

它们都是同一个问题的正确答案，它们必然相等。

我们已经讨论过问题的第一个答案。长为$(n+2)$的方框有F_{n+2}种铺法。其中只有一种没有多米诺骨牌：全部由方块组成。

因此，问题的答案＃1是$F_{n+2}-1$。

问题的第二个答案能得出——我们希望——（＊）的左边。让我们看看它的原理。

我们需要计算包含至少一个多米诺骨牌的铺法。那么让我们来想一下第一个（最左边）多米诺骨牌的位置。在方框中有$n+2$个位置，最左边的多米诺骨牌可以在位置1，2，3或任何位置，直到$n+1$，但它不能从位置$n+2$开始。

让我们来看一下$n=4$时的情形。我们要求大小为1×6的方框中至少有一个多米诺骨牌。我们知道答案是$F_{6-1}=13-1=12$，但是我们会以另一种方式算出这个答案。

如图所示，最左边的多米诺骨牌可能位于1到5的任一位置：

D S S S S	S D S S S	S S D S S	S S S D S	S S S S D
D D S S	S D D S	S S D D		
D D D	S D S D			
D S D S				
D S S D				

图中的最左列展示了大小为1×6的方框中最左边的多米诺骨牌位于第一个位置的铺法，第二

栏展示了最左边的多米诺骨牌位于第二个位置的铺法，以此类推。

每列有多少种铺法？

第一列有五种，当我们忽略最左边的多米诺骨牌时，我们可以看到一个对于大小为1×4的方框的铺法，$F_4 = 5$。

在第二列中，我们找到三种。忽略第一个正方形和最左边的多米诺骨牌，剩下的是大小为1×3的方框的铺法，$F_3 = 3$。

其余列同理。当最左边的多米诺骨牌的位置给定时，我们计算有多少种铺法时，所有的变化发生在第一个多米诺骨牌的右侧。以下是我们发现的内容：

第一个多米诺骨牌的位置	铺法数量
1	$5 = F_4$
2	$3 = F_3$
3	$2 = F_2$
4	$1 = F_1$
5	$1 = F_0$

因此，用至少一个多米诺骨牌的方式铺满大小为1×6的方框的铺法是$F_4 + F_3 + F_2 + F_1 + F_0 = 12$。结论：

$$F_0 + F_1 + F_2 + F_3 + F_4 = 12 = F_6 - 1$$

让我们深入到一般情况。我们给出的方框长为$n + 2$。最左边的多米诺骨牌的位置在k时

这里，k可以是从1到$n+1$的任何值；我们不能让$k=n+2$，因为那样多米诺骨牌就会超出方框范围。

有多少种铺法？由于最左边的多米诺骨牌位于
位置 k，所以前面的位置 $k-1$ 用正方形填满，接
下来的两个槽位用多米诺骨牌填充。这些（$k-$
1）$+2=k+1$ 个位置没有任何灵活性。但是，
其余的（$n+2$）$-$（$k+1$）位置可以用我们选择
的任何方式平铺。由于（$n+2$）$-$（$k+1$）$=n-$
$k+1$，所以对该方框的该部分进行平铺的方式的
数量是 F_{n-k+1}。如下图所示：

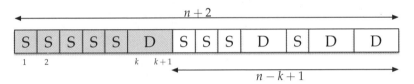

　　注意，长为 $n+2$ 的方框中的第一个多米诺骨
牌在位置 k。这意味着从1到 $k+1$ 的位置已经被设
定，剩下的 $n-k+1$ 个位置可以用 F_{n-k+1} 的方式平
铺，其中 k 的取值范围是1到 $n+1$。

　　注意，当 k 从1变化到 $n+1$ 时，$n-k+1$ 的
值从 n 降低到0。因此，用至少一个多米诺骨牌
的方式铺满长为 $n+2$ 的方框的平铺方法数量是
$F_n+F_{n-1}+F_{n-2}+\cdots+F_1+F_0$，它在（*）的左边
（只需要换个顺序书写）。

　　因此，$F_0+F_1+\cdots+F_n$ 是问题的答案#2。

　　我们提出这个问题，发现了两个正
确的答案。答案 # 1 是 $F_{n+2}-1$，答案 # 2 是
$F_0+F_1+...+F_n$。由于这两个表达式回答的是相
同的计数问题，它们是相等的，并且（*）得到
证明。

斐波那契数的比率和黄金分割

两个连续的斐波那契数相加产生另一个斐波那契数。在本节中，我们思考如下问题：当我们将连续斐波那契数相除时会发生什么。具体而言，我们考虑k值越来越大时的分数$\dfrac{F_{k+1}}{F_k}$。下面的图表显示了从$\dfrac{F_1}{F_0}$到$\dfrac{F_{20}}{F_{19}}$的结果。

比率	分数	小数
$\dfrac{F_1}{F_0}$	$\dfrac{1}{1}$	1.0
$\dfrac{F_2}{F_1}$	$\dfrac{2}{1}$	2.0
$\dfrac{F_3}{F_2}$	$\dfrac{3}{2}$	1.5
$\dfrac{F_4}{F_3}$	$\dfrac{5}{3}$	1.6666666666666667
$\dfrac{F_5}{F_4}$	$\dfrac{8}{5}$	1.6
$\dfrac{F_6}{F_5}$	$\dfrac{13}{8}$	1.625
$\dfrac{F_7}{F_6}$	$\dfrac{21}{13}$	1.6153846153846154
$\dfrac{F_8}{F_7}$	$\dfrac{34}{21}$	1.619047619047619
$\dfrac{F_9}{F_8}$	$\dfrac{55}{34}$	1.6176470588235294
$\dfrac{F_{10}}{F_9}$	$\dfrac{89}{55}$	1.6181818181818182
$\dfrac{F_{11}}{F_{10}}$	$\dfrac{144}{89}$	1.6179775280898876
$\dfrac{F_{12}}{F_{11}}$	$\dfrac{233}{144}$	1.6180555555555556
$\dfrac{F_{13}}{F_{12}}$	$\dfrac{377}{233}$	1.6180257510729614

比率	分数	小数
$\dfrac{F_{14}}{F_{13}}$	$\dfrac{610}{377}$	1.6180371352785146
$\dfrac{F_{15}}{F_{14}}$	$\dfrac{987}{610}$	1.618032786885246
$\dfrac{F_{16}}{F_{15}}$	$\dfrac{1597}{987}$	1.618034447821682
$\dfrac{F_{17}}{F_{16}}$	$\dfrac{2584}{1597}$	1.6180338134001253
$\dfrac{F_{18}}{F_{17}}$	$\dfrac{4181}{2584}$	1.618034055727554
$\dfrac{F_{19}}{F_{18}}$	$\dfrac{6765}{4181}$	1.6180339631667064
$\dfrac{F_{20}}{F_{19}}$	$\dfrac{10946}{6765}$	1.6180339985218033

连续斐波那契数的比率

随着斐波那契数值越来越大，我们计算出的商迅速接近一个常数值，大约是1.61803。这个数字是什么？

知道这个数字后你可能会很惊讶，它非常有名，如果把它输入到谷歌，你会被引向大量的关于黄金分割（golden mean）的网页。这个数字是什么？

有些人称这个值为"黄金比率"。

连续斐波那契数的比率并不完全相同。然而，对于大的斐波那契数字，它们几乎是一样的。所以，为了确定1.61803这个数字是什么，让我们假设比率都是一样的。我们称之为"比率 x"，因此：

$$x = \frac{F_{k+1}}{F_k} = \frac{F_{k+2}}{F_{k+1}} = \frac{F_{k+3}}{F_{k+2}} = \cdots$$

这意味着 $F_{k+1}=xF_k$，$F_{k+2}=xF_{k+1}$，以此类推。可以联立为：

$$F_{k+2}=xF_{k+1}=x^2F_k$$

同样，已知 $F_{k+2}=F_{k+1}+F_k$，因此：

$$x^2F_k=xF_k+F_k$$

如果我们除以 F_k 并重新排列，我们得到二次方程式：

$$x^2-x-1=0$$

使用求解公式，我们发现这个二次方程有两个解：

$$x=\frac{1+\sqrt{5}}{2}\approx1.61803 \text{和} x=\frac{1-\sqrt{5}}{2}\approx-0.61803$$

其中第一个是我们看到的数字。希腊字母 φ（phi）通常用来表示黄金分割：

$$\varphi=\frac{1+\sqrt{5}}{2}=1.618033988749895\cdots$$

我们观察到的是连续斐波那契数的比率越来越接近（收敛到）φ。这很好，它也给了我们一个有趣的方式得到斐波那契数字的近似值。

斐波那契数的实际序列是 F_0，F_1，F_2，F3，…如果比率 $Fk\frac{F_{k+1}}{F_k}$ 都是相同的，我们将得出以下形式的公式：

$$F_n = c\varphi^n$$

其中 c 是某个数字。为了看看这个美妙的过程，让我们用 n 的几个值比较一下 F_n 和 φ^n：

F_n	φ^n	$\dfrac{F_n}{\varphi^n}$
1	$\varphi^1 = 1.618034$	0.6180339887498948
2	$\varphi^2 = 2.618034$	0.7639320225002103
3	$\varphi^3 = 4.236068$	0.7082039324993691
5	$\varphi^4 = 6.854102$	0.7294901687515772
8	$\varphi^5 = 11.09017$	0.7213595499957939
13	$\varphi^6 = 17.944272$	0.7244651700109358
21	$\varphi^7 = 29.034442$	0.7232789287212935
34	$\varphi^8 = 46.978714$	0.7237320325750782
55	$\varphi^9 = 76.013156$	0.7235589623033660
89	$\varphi^{10} = 122.991869$	0.7236250692647179
144	$\varphi^{11} = 199.005025$	0.7235998186523744
233	$\varphi^{12} = 321.996894$	0.7236094635280528
377	$\varphi^{13} = 521.001919$	0.7236057795133609
610	$\varphi^{14} = 842.998814$	0.7236071866817582

对于较大的 n 值，我们发现 $\dfrac{F_n}{\varphi^n} \approx 0.723607$。通过更多工作，我们可以证明 $0.723607\cdots$ 恰好由 $\dfrac{\varphi}{\sqrt{5}}$ 得出。换句话说，即：

$$F_n \approx \frac{\varphi^{n+1}}{\sqrt{5}}$$

这个近似值有多少？换另一张图表！

Fn	$\dfrac{\varphi^{n+1}}{\sqrt{5}}$	四舍五入
1	0.723607	1.0
1	1.17082	1.0
2	1.894427	2.0
3	3.065248	3.0
5	4.959675	5.0
8	8.024922	8.0
13	12.984597	13.0
21	21.009519	21.0
34	33.994117	34.0
55	55.003636	55.0
89	88.997753	89.0
144	144.001389	144.0
233	232.999142	233.0
377	377.000531	377.0
610	609.999672	610.0
987	987.000203	987.0

注意，当我们将 $\dfrac{\varphi^{n+1}}{\sqrt{5}}$ 四舍五入到最接近整数时，结果正是 F_n。

如果你对这个公式的"四舍五入到最近的整数"的方面感到困扰，下面的公式给出了一个确切的结果，它得益于雅克·比奈（Jacques Binet）：

$$F_n = \frac{\varphi^{n+1} - \left(-\dfrac{1}{\varphi}\right)^{n+1}}{\sqrt{5}}$$

大小为1x5的方框的铺法

这里是所有大小为1x5的方框的铺法:

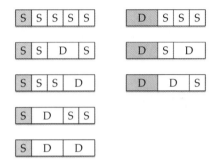

注意,以S开始的铺法为$F_4 = 5$,以D开始的铺法为$F_3 = 3$。因此,有5+3种铺法,所以$F_5 = 8$。

F_{10}**的值**(即开头铺瓷砖问题的答案)是89。

10. 阶乘!

书架上的书

你可以用多少种方法将书排列在书架上？当然，这取决于你拥有多少本书。我们先从一个简单的例子开始。假设你的藏书只有三本，简单命名为A、B和C。

我们首先选择放在最左边的书。假设它是A。第一本决定后，有两种可能的方法来摆放剩余的书：ABC或ACB。所以当A是最左边的书时，有两种排列方式。

或者我们可能决定把B放在最左边。在这种情况下，可能的排列是BAC或BCA。或者我们可以把C放在最左边，产生两种排列：CAB或CBA。

总共有6种可能的方式来排列书籍：

ABC ACB BAC BCA CAB CBA

现在想象一下，我们再购买一本书：D。我们在书架上排列这四本书的方式有多少种？我们用于排列三本书的方法可以再次使用。首先考虑哪一本书放在最左边。假设它是A，其余的三本书（B，C和D）以6种可能的方式填充书架的其余部分——我们知道有6种可能，是因为我们已经知道排列三本书的方法是6种。

同样，如果把B放在最左边，那么有6种方式来放置其余的书（A，C和D）。最左边的是C或者D，那么其余书的排列方式也是6种。总共有$6 \times 4 = 24$种排列方式。如下：

ABCD ABDC ACBD ACDB ADBC ADCB

BACD BADC BCAD BCDA BDAC BDCA

CABD CADB CBAD CBDA CDAB CDBA

DABC DACB DBAC DBCA DCAB DCBA

在我们跳到排列任意数量的书籍之前，我们先考虑一下排列五本书的情况：A，B，C，D和E。和前面的分析一样，我们考虑哪本书在最左边。如果是A，则其余四本书（B到D）被摆放在A的右侧。有多少种方法呢？这正是我们上一步计算过的问题：一共有24种方式。同样，如果B在最左边，其他书籍也可以用24种方式排列。同样，当C，D和E在最左边的时候，也是24种。这意味着总共有$24 + 24 + 24 + 24 + 24 = 5 \times 24 = 120$方式排列这五本书。

还有另外一种思考五本书排列问题的方法。根据哪本书在最左边需要考虑五种不同的情形。一旦最左边这本书确定，那么还需要排列的就是剩下四本书。所以五本书排列问题的答案是四本书排列问题答案的五倍。用符号表示会使这个过程写起来更容易。

假设A_5表示五本书排列问题的答案。也就是说，A_5是在书架上排列五本书的方法的数量。通过考虑哪一本书在最左边，我们得出等式：

$$A_5 = 5 \times A_4$$

A_4代表四本书排列问题的答案。

现在A_4可以用类似的方法解决。有四本书可能被摆在最左边；对于每一种选择，我们都必须解决一个三本书排列的问题。因此：

$$A_4 = 4 \times A_3$$

我们对A_3的分析表示为$A_3 = 3 \times A_2$。即使是（非常容易的）两本书的排列问题也使用这种分析：$A_2 = 2 \times A_1$，当然，$A_1 = 1$。

全部放在一起，我们发现：

$$
\begin{aligned}
A_5 &= 5 \times A_4 \\
&= 5 \times (4 \times A_3) \\
&= 5 \times 4 \times (3 \times A_2) \\
&= 5 \times 4 \times 3 \times (2 \times A_1) \\
&= 5 \times 4 \times 3 \times 2 \times 1 = 120
\end{aligned}
$$

一般情形得到了解决。在书架上排列N本书的方法是：

$$N \times (N-1) \times (N-2) \times \cdots \times 3 \times 2 \times 1 \qquad （A）$$

（A）的表达式被称为N的阶乘。阶乘用一个感叹号表示：$N!$。例如，$6! = 6 \times 5 \times 4 \times 3 \times 2 \times 1 = 720$。

有没有一个公式？

10！等于多少？只要把数字1到10相乘就能得到

$$10! = 10 \times 9 \times 8 \times \cdots \times 3 \times 2 \times 1 = 3,628,800$$

计算20！需要乘以二十个数字。计算100！是繁重的工作。有没有快速计算出答案的方法？

这是一个美观，但在计算方面毫无价值的想法。要计算10！，"所有"我们需要做的就是计算9！，然后将结果乘以10。因为

$$10! = 10 \times [9 \times 8 \times \cdots \times 3 \times 2 \times 1] = 10 \times 9!$$

对于任意值N，我们可以概括出：

$$N! = N \times [(N-1) \times (N-2) \times \cdots \times 3 \times 2 \times 1]$$

由此得出这个公式：

$$N! = N \times (N-1)! \qquad （B）$$

公式（B）是可爱的，但它对于计算20！没有多大用处。它告诉我们要先计算19！并把结果乘以20，实际上，它告诉我们该如何计算19！：

对于已经学过微积分的读者来说，有另一个美观的公式：$N! = \int_0^\infty x^N e^{-x} dx$。这个公式对计算没有用处，但它允许我们进行魔幻般的操作，令$N = \frac{1}{2}$，就能推导出$\frac{1}{2}! = \frac{\sqrt{\pi}}{2}$。

这些数字被称为三角形数，因为它们通过这种结构图计算圆圈的数目：

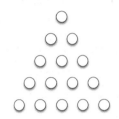

首先计算18！然后乘以19。其实，这不过是巧妙掩饰了我们最终还是要将数字1到20相乘的事实。

我们希望有一个捷径。有什么方法可以减化过程？我们可以通过考虑三角形数（triangular numbers）来得到一些启发：数字的形式是

$$1+2+3+\cdots+N$$

例如，第五个三角形数是$1+2+3+4+5=15$。我们用T_N代表的第N个三角形数定义为

$$T_N=N+(N-1)+(N-2)+\cdots+3+2+1$$

例如，

$$T_{10}=10+9+8+7+6+5+4+3+2+1=55$$

这看起来就像是阶乘，但用加法替代了乘法。有没有办法计算T_{10}而不必将十个数字相加呢？

答案是令人愉快的，推理过程简单而优雅。我们可以按照升序和降序写出T_{10}的和，如下所示：

$$1+2+3+4+5+6+7+8+9+10$$
$$10+9+8+7+6+5+4+3+2+1$$

如果我们把所有这20个数字相加，结果将是T_{10}的两倍。但是不要横向相加这些数字，我们先将它们纵向相加：

$$
\begin{array}{ccccccccccccccccccc}
1 & + & 2 & + & 3 & + & 4 & + & 5 & + & 6 & + & 7 & + & 8 & + & 9 & + & 10 \\
10 & + & 9 & + & 8 & + & 7 & + & 6 & + & 5 & + & 4 & + & 3 & + & 2 & + & 1 \\
\hline
11 & + & 11 & + & 11 & + & 11 & + & 11 & + & 11 & + & 11 & + & 11 & + & 11 & + & 11
\end{array}
$$

最后一行有10个项都等于11，所以和就是
$10 \times 11 = 110$。但是由于这是T_{10}的两倍，我们得出
$T_{10} = 110 \div 2 = 55$。

一般来说，我们可以这样计算。为了找到T_N，
我们按照升序和降序写出1到N的数字，然后纵向
相加：

$$
\begin{array}{ccccccccccccc}
1 & + & 2 & + & 3 & + & \cdots & + & (N-2) & + & (N-1) & + & N \\
N & + & (N-1) & + & (N-2) & + & \cdots & + & 3 & + & 2 & + & 1 \\
\hline
(N+1) & + & (N+1) & + & (N+1) & + & \cdots & + & (N+1) & + & (N+1) & + & (N+1)
\end{array}
$$

底行有N个项，每个项等于$N+1$；因此这
些数字的和是$N \times (N+1)$。由于这是T_N的"双
份"，所以

$$T_N = \frac{N \times (N+1)}{2}$$

要计算T_{100}，我们不必将一百个数字相加。只
需要计算

$$100 \times 101 \div 2 = 5050$$

就能得出答案。

有没有类似的优雅的公式来计算阶乘？可悲
的是，没有。然而，得益于詹姆斯·斯特林，我
们有一个好的近似公式

$$N! \approx \sqrt{2\pi N} \left(\frac{N}{e} \right)^N \qquad （C）$$

这个公式涉及其他章节讨论的两个非同一般

你可以用一个计算器在不
到一分钟的时间检验这个
结果！将1到10的所有数
字相加，并确认和为55。

詹姆斯·斯特林（James
Stirling）是一位生活在18
世纪的英国数学家。

的数字：$\pi \approx 3.14159$ 是一个圆的周长与其直径之比
（第6章），$e \approx 2.71828$ 是欧拉数（第7章）。

斯特林公式在计算更大的 N 值时精确度更高。
例如，对于 $N=10$，我们知道 $10!=3628800$，经公
式（C）算出 3598695.6187，误差仅为0.8%。

对于 $N=20$，我们有这些结果：

$$20!=2{,}432{,}902{,}008{,}176{,}640{,}000$$
$$公式（C）=2{,}422{,}786{,}846{,}761{,}133{,}393.6839075390$$

误差约0.4%。如果我们跳到 $N=1000$，$1000!$
和公式（C）之间的相对误差小于0.01%。

一道谜题

数字145被称为一个阶乘和数（factorion），
因为它具有以下有趣的属性。如果我们将它各位
数字的阶乘相加，会得到该数字本身：

$$1!+4!+5!=1+24+120=145$$

数字1和2也是阶乘和数（但0不是）。还剩下唯
一的一个阶乘和数。看看你能不能找到它。

如果不编写计算机程序，答案很难得出。答
案在下一页。

什么是0？

许多人会非常冲动地回答：0！是零！（第二个感叹号是强调。）这似乎是有道理的，因为$N!$的第一个因数是N，任何数乘以零都必然等于零。然而，数学家将0！定义为1，我们通过一些阐释来结束本章。

在第1章中，我们遇到了一个空积的概念——一个没有项的乘法问题（见正文第6页）。零的阶乘是空积的一个例子。对于任何数字N，我们注意到$N!$有N个项。这对正数N来说是明确的，当$N=0$时也是如此。从某种意义上说，$N!$就是我们把所有从1到N的整数相乘。在$N=0$的情况下，不存在这样的数字，因此该乘积是空的。按照惯例，空积等于1。

下面是定义0！为1的另一个基本原理。如果我们将$N=1$代入公式（B）

$$N! = N \times (N-1)! \Rightarrow 1! = 1 \times 0!$$

既然1！＝1，必然得出0！等于1。

最后，让我们回到我们的书架。如果我们没有书，排列N本书的方式有几种？我们只有一种排列方式：让书架空着。

如同数字145，40,585也是一个阶乘数，因为它等于其各数字阶乘的总和：

$4!+0!+5!+8!+5!=24+1+120+40320+120=40,585$。

11. 本福德定律

我们认为，所有的数字都是平等的，这是不言而喻的。不，我们不是指"相等"——显然不是！我们的意思是，当我们考虑10个十进制数字，从0到9时，我们期望它们在数字世界中发挥的作用是相同的。

可悲的事实是，数字如同人类一样爱慕虚荣，它们都想争当第一。事实上，我们把最左边的数字称为最重要的数字——原因是：想象一下，你将购买的一件物品的成本为43.52美元。哪个数字对你最重要？4最重要，而末尾的2无足轻重。如果4突然变成了9，你会非常在意，但对于最右边2的变化就不会有同样的感觉。

那些期望宇宙公平的人可能会期望每个数字都获得平等的好处，扮演着最重要的角色，可怜的0除外，它并不是最重要的数字。这个荣誉只归于其他九位数字。它们都希望尽可能地成为最重要的那一个。

我们预计数字1到9会平均分配，每个数字为起始数字的机会应该都是九分之一（约11%）。

对于诸如0.053这种数字，5被认为是最重要的数字。当我们谈到最重要的数字时，它总是第一个非零数字。

以2开头的数字肯定不会比以5开头的多，对吗？

狂野的测量

当我们考虑一个数值范围，比如1到999,999时，会认为1到9的每个数字都是最有意义的。在这种情况下，1到9中的每一个数字作为开头数字的出现机会是同等的。

然而，这个结果会因为我们所选择数字范围的不同而有所偏差。相反，如果我们查看1到19之间的数字，那么以2到9中的每个数字开头的数字只出现一次，而1与另外11个数值相比，是最重要的数字。

公平起见，让我们从现实世界中收集数字。我们需要小心，不要选择可能集中于狭窄范围内的测量数据。因此，不要收集"成人身高"这种数值，因为以厘米表示时，几乎所有的测量结果都以1或2开头（因为成年人的身高很少会大于299厘米或小于100厘米）。

如果成人的身高测量值以英尺[1]表示，则几乎所有的值都将以4，5或6中的一个开头。

为了确保所有的数字都有一个"公平的"机会落在最左边的位置，我们要从宽泛的数值范围内收集各种测量数据。例如，考虑国家的人口。这些数值覆盖的范围从十亿（中国和印度）到少于一万（岛国瑙鲁）。除了人口之外，我们还为

这些人口和其他测量数据的来源为《美国中央情报局世界实况报道》（*CIA World Fact Book*），可在网上查到。

---

1 1米=3.2808英尺。——编者注

数百个国家收集了以下数据：

- 国内生产总值（以美元计），
- 机场的数量，
- 总面积（以平方公里计），
- 年发电量（以千瓦时计），
- 成品油年度消费（以桶计），
- 公路总长（以公里计），
- 铁路总长（以公里计）以及
- 电话的数量。

这样，我们收集了近两千个测量数据，然后统计出这些数据中有多少是以1开头，多少是以2开头的，依此类推。结果如下：

第一位数字	数量	百分比
1	582	29.7%
2	338	17.2%
3	236	12.0%
4	206	10.5%
5	173	8.8%
6	123	6.3%
7	112	5.7%
8	101	5.2%
9	90	4.6%

令人惊讶的是，出现最多的第一位数字是1（约30%），最少的是9（小于5%）！

我们鼓励读者重复这个实验。可以使用年鉴或其他参考资料，收集河流长度、山脉高度、股票价格、不同种类动物的平均重量、小说的字数、各国水稻产量等数据中的第一位数字。

收集足够多的测量数据后可以看到相同的规律。这些数字最左边的数字通常是1，而出现频率最低的是9。

起始数字的不公平分布称为本福德定律（Benford's law）。这个定律是以弗兰克·本福德（Frank Benford）命名的，他在1938年发表了一篇关于这个现象的文章，虽然早在1881年西蒙·纽科姆（Simon Newcomb）就已经发表过了。

本福德定律比作为最重要的数字"1出现最多，9出现最少"更为具体。本福德定律断言——给定足够多的数据——频率如下：

数字	频率
1	30.10%
2	17.61%
3	12.49%
4	9.69%
5	7.92%
6	6.69%
7	5.80%
8	5.12%
9	4.58%

这些数字是近似值。以1开头的数字出现的预测频率为30.102999566398114…%。稍后，我们将解释这些数值的产生过程。

乘法表

我们还可以从一个地方找到起始数字的不公平分布，下面是一个标准的乘法表：

通常乘法表每列有10行，但乘以10与乘以1实际上没有什么不同，我们省略了那些行。

×	1	2	3	4	5	6	7	8	9
1	1	2	3	4	5	6	7	8	9
2	2	4	6	8	10	12	14	16	18
3	3	6	9	12	15	18	21	24	27
4	4	8	12	16	20	24	28	32	36
5	5	10	15	20	25	30	35	40	45
6	6	12	18	24	30	36	42	48	54
7	7	14	21	28	35	42	49	56	63
8	8	16	24	32	40	48	56	64	72
9	9	18	27	36	45	54	63	72	81

在这个表中的81个项中，有18个以1开始；它们是：

$1 \times 1=1$　$2 \times 5=10$　$2 \times 6=12$　$2 \times 7=14$　$2 \times 8=16$

$2 \times 9=18$　$3 \times 4=12$　$3 \times 5=15$　$3 \times 6=18$　$4 \times 3=12$

$4 \times 4=16$　$5 \times 2=10$　$5 \times 3=15$　$6 \times 2=12$　$6 \times 3=18$

$7 \times 2=14$　$8 \times 2=16$　$9 \times 2=18$

另一方面，只有三个项以9开始，即：

$1 \times 9=9$　　$3 \times 3=9$　　$9 \times 1=9$

这是标准乘法表中起始数字的计算结果。

首位数字	数量	百分比
1	18	22.22%
2	15	18.52%
3	11	13.58%
4	12	14.81%
5	6	7.41%
6	7	8.64%

首位数字	数量	百分比
7	4	4.94%
8	5	6.17%
9	3	3.70%

我们发现较小的数字比较大的数字更常见，但这不是本福德定律所预测的分布。

乘法表给出了将一位数乘以另一位数的所有可能结果。换句话说，它给出了所有两两相乘的结果，从1×1，1×2，直到9×9。

为了扩展这个想法，让我们考虑所有可能的三个一位数相乘的结果。也就是说，我们计算以下所有的乘法：

$$1\times1\times1,\ 1\times1\times2,\ \cdots,\ 9\times9\times8,\ 9\times9\times9$$

总计$9^3=729$次计算。在完成这些计算之后，我们统计每个数字在最左边时出现的频率，并得出下面的图表：

我们可以将其视为一个三维乘法表——一个$9\times9\times9$的魔方，其结果（例如$4\times7\times3=84$）令人不快地隐藏在内部。

首位数字	数量	百分比
1	218	29.90%
2	137	18.79%
3	94	12.89%
4	81	11.11%
5	46	6.31%
6	43	5.90%
7	37	5.08%
8	37	5.08%
9	36	4.94%

一个十维的乘法表有9^{10}个项，计算出近35亿个数字。

没有理由就此打住。我们可以继续创建，将四个、五个、六个或更多的数字组合在一起的乘法表。让我们来看看十维乘法表的情况。这样一个表格会考虑所有可能的十个数字的乘法（从1到9中选择）。换句话说，我们计算以下所有乘法：

$$1 \times 1 \times 1 \times 1 \times 1 \times 1 \times 1 \times 1 \times 1 \times 1$$
$$1 \times 1 \times 1 \times 1 \times 1 \times 1 \times 1 \times 1 \times 1 \times 2$$
$$1 \times 1 \times 1 \times 1 \times 1 \times 1 \times 1 \times 1 \times 1 \times 3$$
$$\vdots$$
$$1 \times 1 \times 1 \times 1 \times 1 \times 1 \times 1 \times 1 \times 1 \times 9$$
$$1 \times 1 \times 1 \times 1 \times 1 \times 1 \times 1 \times 1 \times 2 \times 1$$
$$1 \times 1 \times 1 \times 1 \times 1 \times 1 \times 1 \times 1 \times 2 \times 2$$
$$1 \times 1 \times 1 \times 1 \times 1 \times 1 \times 1 \times 1 \times 2 \times 3$$
$$\vdots$$
$$\vdots$$
$$9 \times 9 \times 9 \times 9 \times 9 \times 9 \times 9 \times 9 \times 9 \times 8$$
$$9 \times 9 \times 9 \times 9 \times 9 \times 9 \times 9 \times 9 \times 9 \times 9$$

然后统计出有多少个以1开头的数字，多少个以2开头的数字，依此类推。结果如下：

首位数字	数量	百分比
1	1048150118	30.06%
2	612266716	17.56%
3	436020803	12.50%
4	342277119	9.82%
5	269493994	7.73%
6	248886318	7.14%
7	188191500	5.40%
8	175747495	5.04%
9	165750338	4.75%

首位数字的出现频率与本福德的预测大体吻合。

找出假账

在我们研究本福德定律的细节之前,我们简单地提一下实际应用。假设一个不诚实的人正在提交虚假的财务报告(费用索赔,伪造的资产负债表等)。简而言之,这个人在说谎,只是伪造了他或她声称的真实数字。为了使数据看起来逼真,犯罪分子可能无意中从数字1到9中均匀地选择了一个数字,作为伪造数字的第一位数字。

法务会计师可以快速核验首位数字是否符合本福德定律。如果不符合,则表明——但不能证明——报告的数字存在造假。

用科学计数法细化问题

科学计数法是用来表示特别大或特别小的数的一种方便的形式。这种方法将12,300,000表示为1.23×10^7。也就是说,我们将一个数字写成一个十进制值(即至少为1且小于10)乘以10的幂。我们称十进制值为尾数。例如,853,100,000的尾数是8.531:

0.0043的尾数是4.3,因为$0.0043=4.3 \times 10^{-3}$

$$853,100,000 = \underset{\text{尾数}}{\underline{8.531}} \times 10^8$$

1≤尾数<10

我们已经设置了这个定义，使得（正数的）尾数永远不会小于1，也不会大于或等于10。

我们可以使用尾数来展现本福德定律的精妙。粗略地说，本福德定律指出，在广泛的数值范围内所收集的大量测量数据中，大约30%的数字是以1作为最重要的数字的。换言之，大约30%的测量数据的尾数m将满足$m < 2$。

这里有一个相同的方法来提出这个问题：前两位数字为10，11，12，13，14，15或16的测量数据出现的次数是多少？

为了细化本福德定律，我们可以看看许多测量数据的前两位数字，并提问：尾数满足（假设）$m < 1.7$的频率是多少？

一般而言，对于1到10之间的任意数m，我们定义$f(m)$是尾数小于m的测量数据所占的比例。

符号$f(m)$是尾数小于m的测量数据的比例。这一符号对于理解本福德定律的数值如何产生具有重要意义。

例如，$f(2)$是以1开头的测量数据的比例。$f(3)$是起始数字小于3的数据比例，即用首位数字为1或2进行测量。

我们怎样才能用这个符号来表示起始数字，比如4的数据的比例呢？

让我们来解决下面这个问题：

- 注意$f(4)$不是起始数字为4的数据的比例，它的值代表第一个数字小于4的数据的比例。这些是第一位数字为1，2和3的数字。

- 同样，$f(5)$代表的是第一个数字小于5的

数据比例。它们的第一个数字是1，2，3
和4。

- 因此，只需要关注第一个数字为4的测量
数据，我们用$f(5)-f(4)$。$f(5)$项包
括起始数字为1到4的数值，然后我们刨去
那些起始数字为1到3的值，就只留下我们
感兴趣的数字：以4开头的数字。

这里有两个值得思考的问题：$f(1)$和$f(10)$
的值是多少？在继续阅读之前想一想。

要找到第一位数字是4的
测量数据的比例，我们需
要计算$f(5)-f(4)$。

记住$f(m)$是尾数小于m的测量数据的比
例。记住，尾数是满足$1 \leqslant m < 10$的数字m。具体
含义是什么？

•没有数字的尾数小于1意味着$f(1)=0$。根
本没有这种形式的测量数据！

•每个数字的尾数小于10意味着$f(10)=1$
（或者100%，如果你愿意）。每个数字都符合这
个标准。

在这两个极端之间，$f(m)$的值在增加。m
越大，尾数小于m的数字数量就越多。

我们接下来的步骤是了解$f(m)$在m值位于1
到10之间的表现。我们最初的考虑是和起始数字
有关，且这种表示法扩大了我们的观点，使其向
更大的普遍性发展，并将揭示发生了什么。

码[1]或英尺？

对于以米为长度标准单位的读者，你只需要知道码的长度与米的长度大致相当（略短一点），而1英尺的长度恰好是1码的三分之一。

记住，$f(3)$给出的是尾数少于3的测量值的比例，因此包括所有以1或2开头的值。我们用$f(3)$减去所有那些以1开头的数值——即$f(2)$，因为后者是所有起始数字小于2的值的比例。

我们收集了数千公里的测量数据，并看到最初数字的模式。如果我们从公里改变到英里，相同的模式仍然存在。同样，如果我们用美元来衡量国家的国内生产总值，我们会看到一个最初数据带来的模式，而当我们将美元兑换为欧元（或英镑或俄罗斯卢布）时，同样的模式依然存在。我们来仔细看看从码到英尺的转换。

假设我们以码测量了许多距离，并统计出了第一个数字。这些测量数据有多少是以2开始的呢？这个数字包括2.1码，或28码，或0.213码，或299.8码。使用我们在前一节中开发的符号，以2开始的数据比例是$f(3)-f(2)$。

现在让我们把所有的测量值转换成英尺。为此，我们简单地乘以3。这样2.1码变为6.3英尺。从以2开头的单位为码的数据可以导出起始数字的范围是从6到9，但不包括9的单位为英尺的测量值。感到惊讶吗？

你可能已经猜到了，如果一个单位为码的测量值是以2开头的，那么它转换为英尺后将以6开头。这不是很正确，因为2.8码等于8.4英尺。因此，当以码为单位的数据的尾数是从2到3（但不包括3）时，在以英尺表示时，相同的测量值的尾数是从6到9，但不包括9。

1　1米=1.0936码。——编者注

以6，7或8开头的测量值的比例是多少？答案是 $f(9)-f(6)$。

这里有一句妙语：既然我们正在处理完全相同的数值集合——以2开头的单位为码的数值或以5或6或7开始的以英尺为单位的数值——它们的比例必然是相同的：也就是说，$f(3)-f(2)$ 得出的是与 $f(9)-f(6)$ 相同的比例。

如下图所示。两个矩形代表我们记录的所有测量值，在左边的矩形中记录的是以码为单位测量结果，右边的矩形中记录的是以英尺为单位相同的测量结果。左侧的阴影区域表示以2开头的所有的测量值（以码为单位），右侧的阴影区域显示以6，7或8开头的所有的测量值（以英尺为单位）。

$f(9)$ 项给出了第一个数字是1到8的测量值的比例，从中我们减去 $f(6)$，刨去那些第一个数字是1到5的测量值。剩下的是最重要的数字是6，7或8的值的比例。

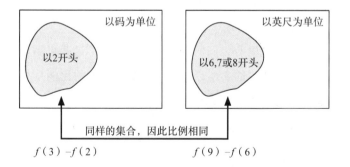

$f(3)-f(2)$ $f(9)-f(6)$

重要的是要注意，两个阴影区域是相同的！所以以2开头的测量值的比例（左）等于以6，7或8开头的值的比例（右）。因此得出等式 $f(3)-f(2)=f(9)-f(6)$。

我们现在把这个想法扩展到更广泛的意义

上。让我们想象一下，我们收集了大量的测量值，并且我们统计了这些测量结果中有多少个数据的尾数少于某个数字a。满足这个条件的测量数据的比例是$f(a)$。

现在我们进行单位转换，让我们用b代表换算系数。换句话说，如果我们最初测量的是一个物体，在第一类单位中的结果是23.5，那么当我们在新的单位集合中重新进行测量时，结果是$23.5 \times b$。

如果我们将码转换为英尺，那么换算系数$b=3$。对于其他转换，我们将使用不同的乘数。

回想一下，$f(a)$给出了第一组单位中测量值的比例，尾数从1到a，但不包括a。当乘以b时，在第二组单位中将得出尾数为从a到ab，但不包括ab的数据。在原始测量中尾数小于a的值的比例是$f(a)$。尾数从b到ab（但不包括ab）的值（在新的单位集合中）的比例是$f(ab)-f(b)$。

如果$ab>10$或者$ab<1$，那么就有一个"疑难杂症"。这个"疑难杂症"是一个我们可以解决的令人讨厌的技术问题，但是处理这个问题会使我们偏离轨道，分散我们的注意力。而在$1 \leqslant ab \leqslant 10$这个假设下继续讨论是没有问题的。

这里有相同的一句精妙的结论：这两组测量值是相同的，所以它们代表的整组值的比例是相同的。用符号表示为

$$f(a) = f(ab) - f(b)$$

重新排列如下：

$$f(ab) = f(a) + f(b) \qquad (*)$$

这导致我们提出接下来的问题：什么样的函数满足方程（*）中的关系以及条件$f(1)=0$和$f(10)=1$？

对数能做什么？

一些数学运算可以撤销。例如，如果我们计算一个正数的平方，我们会得到一个结果。例如，$6^2 = 36$。我们通过取平方根撤销平方：$\sqrt{36} = 6$。对于正数，平方和平方根的操作可以相互撤销。以类似的方式，幂的运算是可以被对数"撤消"的。

在这一章中，当我们提到指数时，我们的意思是10的若干次幂。例如，10^4的结果是10000。我们通过对数函数"撤销"这个幂运算：

$$\log(10000) = 4。$$

阐释对数函数的一个有用的方法是把它看作"几次幂？"的函数。10的几次幂能得到已知数？例如，10的几次幂是1000？因为$1000 = 10 \times 10 \times 10 = 10^3$，得到1000的指数就是3。这正是我们写log（1000）＝3时的意思。

不难理解当我们计算10的正整数次幂时会发生什么，我们简单地将10乘以自身多次：

$$10^6 = \underbrace{10 \times 10 \times 10 \times 10 \times 10 \times 10}_{\text{六项}} = 1000000$$

相应地，求出10的幂的对数只需简单计算0的数量：

$$\log(1000000000) = 9。$$

本节将介绍有关常用（十进制）对数的内容。如果你熟悉这一点，请跳到下一节。

计算10的非整数次幂更复杂。关键是理解10^m和10^n相乘的乘积对于指数m和n的意义。

$10^6 \times 10^5$的结果是什么？不要畏惧，因为计算10的n次方相乘很容易。看看发生什么，让我们写出含义：

$$10^6 \times 10^5 = \left(\underbrace{10 \times 10 \times 10 \times 10 \times 10 \times 10}_{\text{六项}}\right) \times \left(\underbrace{10 \times 10 \times 10 \times 10 \times 10}_{\text{五项}}\right)$$

结果是什么？不需要乘法！只用计算10的个数：有11个。换一种说法：

$$10^6 \times 10^5 = 10^{11}。$$

一旦我们看到这一点，就能得到两个正整数n次方相乘的计算公式

$$10^m \times 10^n = 10^{m+n}（指数定律）$$

因为10^m贡献的10的因数是m，10^n贡献的10的因数是n。

将求幂推广到非整数幂的关键是将指数规律$10^m \times 10^n = 10^{m+n}$扩展到所有可能的指数。让我们看看它将把我们带往哪里。

让我们计算$10^{0.5}$。我们可能不知道这个数字是多少，但是看看当我们计算$10^{0.5} \times 10^{0.5}$时会发生什么。在关系式$10^m \times 10^n = 10^{m+n}$中设定$m$和$n$都等于0.5，我们得出：

$$10^{0.5} \times 10^{0.5} = 10^{0.5+0.5} = 10^1 = 10。$$

我们所学到的是，如果我们自己将$10^{0.5}$与自己相乘，结果是10。换句话说，$10^{0.5}$是10的平方根：

$$10^{0.5} = \sqrt{10} \approx 3.162。$$

做更多的工作（这会让我们走得太远），我们可以计算出10的所有幂。下图是x的范围为0到1时函数10^x的图表。

我们鼓励你在计算器上试一下。计算$10^{0.5}$和$\sqrt{10}$，可以观察到这两个结果是相同的。

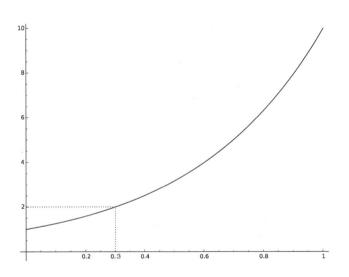

x的值为多少，$10^x = 2$？图表显示$x = 0.3$时，$10^x = 2$。试试用你的计算器进行计算，你会发现$10^{0.3} = 1.99526\cdots$，这是接近但不完全等于2。我们需要稍微增加指数，让我们试试$10^{0.301}$，结果是1.99986。更接近但仍不完全等于2。我们还需要增大一点点指数。令$10^x = 2$的值是$0.30102999566398114\cdots$而这个值就是lg2。（本章前部分已经出现了lg2这个数字。去找吧！）

指数定律$10^m \times 10^n = 10^{m+n}$可以用对数表示。为了展示这一过程，设$a = 10^m$且$b = 10^n$。

a的对数是多少？这就是求得到a值时，10的指数。因为$a = 10^m$，意味着$\log(a) = m$。同理，$\log(b) = m$。

$a \times b$的对数是多少？我们知道$a = 10^m$和$b = 10^n$，所以$a \times b = 10^{m+n}$。10的指数是多少能得到$a \times b$的值，答案是$m + n$。用符号表示：$\log(a \times b) = m + n$。

概括如下：

$$\log(a) = m, \ \log(b) = n, \ \log(a \times b) = m + n。$$

将这些结合在一起产生以下对数定律：

$$\log(ab) = \log(a) + \log(b)。 \qquad (**)$$

我们在哪里见过这种关系？

整理零碎资料

让我们把所有这些联系在一起。我们定义了一个函数f，给出尾数小于某个值m时的测量值的比例。它满足这三个属性：

$$f(1) = 0, \ f(10) = 1, \ 且f(ab) = f(a) + f(b)$$

然后我们暂停下来，讨论对数，发现log函数

满足这些性质:

$$\log\,(1)=0,\ \log\,(10)=1,\ \log\,(ab)=\log\,(a)+\log\,(b)$$

换句话说，f 和 log 在 1 和 10 处具有相同的值，并且它们符合等式（*）和（**）中所表达的相同的关系。据此（在 f 是连续的附加条件下），数学家可以证明 f 必定和 log 完全相同，现在我们准备计算出测量值的起始数字的分布。

以 1 开始的测量值的比例是多少？这等同于问尾数小于 2 的值的比例。所以答案是 $f(2)$，我们现在知道 $\log\,(2)\approx0.3010=30.1\%$。以 9 开头的测量值的比例是多少？答案是 $f(10)-f(9)$ [$f(10)$ 从所有测量值中减去尾数小于 9 的那些测量值]。我们得出:

$$f(10)-f(9)=\log\,(10)-\log\,(9)\approx1-0.9542=0.0458=4.58\%$$

在第 129 页，我们问过 $f(1.7)$ 的值，现在我们可以回答。$f(1.7)=\log\,(1.7)\approx0.23=23\%$。

12. 算法

算法一词来源于9世纪一个名叫阿尔-花剌子模（Al - Khwarizmi）的波斯数学家的名字。

创意厨师一般不会严格遵循食谱。相反，他们利用菜谱激发他们烹饪的灵感。新手厨师更倾向于严格按照步骤行事。

同样，具有良好方向感的司机不需要地图或书面指示来找到他们的目的地。其他人则需要详细的路线规划引导。

电脑就像新手一样。当需要对一些数进行求和时，他们遵循一系列精心规定的步骤，按照程序执行每个操作。这些程序被称为算法。计算机算法在我们的生活中无处不在：它们把利息加入我们的银行账户中，确定文本文档中的分页位置，将DVD上的数字数据转换成电影，预测天气，搜索网页上包含给定配料清单的食谱，当我们试图找到一个模糊的地址时，通过GPS设备与我们联系。

大多数人学习的第一个数学算法是加法。求25＋18，我们知道先将5和8相加（我们记住的结果是13），写下3，进位为1，依此类推。

算法设计者不仅仅为解决问题提供正确的

程序，该方法应该也是有效的。如果一个算法在数学上是正确的，但需要几个世纪才能完成其工作的话，就没有多大用处了。我们来看看例子。

排序

每学期结束时，我都会有一堆期末考试卷要发还给学生。当学生来到我的办公室拿作业时，我不想在乱糟糟的纸堆里翻检查找而找到他们的试卷。相反，我按照学生姓名的字母顺序排列试卷。所以，在我宣布试卷可以取走之前，需要对它们进行排序。

问题是将一些顺序混乱的文件按字母顺序把它们重新排列。怎么做最好？

让我们从一个简单而低效的想法开始吧。假设我班有一百名学生。我从未排序的纸堆取出第一张试卷，看看它是否按字母顺序排列。我如何做到这一点？我将这个卷子与其他的进行比较。很有可能，这张位于未排序的纸堆顶部的试卷并不是按字母顺序排列的第一张，所以我把它放在纸堆的底部，然后再试一次。我一直这样做，直到我确定出按字母顺序排列的纸张。我拿走那张纸，把它放入新的一堆，它们将按字母顺序摆放。

我回到未排序的纸堆上，现在是99张，就

像以前一样，按字母顺序查找纸张。我是这样做的，拿起最上面的一张，然后与堆中的所有其他纸张比较，如果不是正确的，就把它放在最后。当我找到最靠前的字母时，将其从未排序的纸堆中取出，并将其放在已排序的纸堆的末尾。

现在未排序的纸堆上只剩下98张纸，我重复这个程序：按字母顺序搜索最靠前的纸张，然后将其移到已排序的纸堆的末端。

这需要多长时间？

最基本的步骤是比较两张卷子，并根据字母顺序决定。我们通过计算分类过程中执行的基本比较的次数来评估分类过程的效率。由于我的班级有100名学生，我需要进行多少次取出2张试卷、阅读名字和进行比较的操作，才能决定哪一个需要首先被拿出去？

在100张无序堆叠的试卷中，我将第一张与其后所有的试卷进行比较：这就是99次比较。我可能不得不这样比完所有100张试卷（我正在寻找的试卷可能是最后一张）。所以要按字母顺序找到第一篇试卷可能需要$100 \times 99 = 9900$次比较。

取出试卷并将其放到已排序的纸堆中，我对剩余的99张未分拣试卷重复以上的步骤。我把第一张和其他98张进行比较，看它是否为第一个按字母顺序排列的，我可能必须对未排序的所有试卷进行比较，找到第二张可能需要$99 \times 98 = 9702$次的比较。

这个基本步骤甚至可以分解成更基本的步骤。例如，要决定哪个先拿出，Alice或Alex，我们首先比较第一个字母。这两种情况都是A，所以我们比较第二个字母。又是一个平手（都是1），所以我们继续第三个字母。由于e在i之前，我们得出结论Alex应该排在Alice之前。

找到第三张需要 98×97，第四张需要 97×96，等等。对整个试卷堆进行排序需要数量巨大次数的比较

$$100 \times 99 + 99 \times 98 + 98 \times 97 + \cdots + 2 \times 1 = 333,300$$

我们已经进行了最复杂的情况分析。对于每一种计算，我们做最复杂的推测，并计算我们必须做多少次比较。尽管最复杂的情况分析无疑过于悲观，但它确实让我们知道这种方法的效率低下。让我们试试另一种。

我们从混乱的100张卷子开始。我们首先看看前两张。如果它们的顺序错误，我们交换它们的位置（第一变成第二，第二变成第一）。如果它们顺序正确，我们就不对它们进行操作。现在我们看看第二张和第三张。如果它们顺序正确，就不对它们进行操作，但是如果顺序错误，我们将二者位置互换。我们继续比较完所有试卷，全过程需要99次比较。

在这个过程中，字母表靠前的试卷往顶部移动，而在字母表靠后的试卷沉到了底部。但是仅通过比较不足以排好试卷。在最坏的情况下，在字母表最前面的试卷可能会出现在试卷的底部，比较一遍只能将其推进到第99位，这需要99轮比较。

因此，用这种方法进行比较的次数是 $99 \times 99 = 9801$。这比第一种方法好得多，但仍然复杂。如果我可以在两秒钟内比较两张试卷并且（如果

最复杂情况分析的替代方法是平均情况分析，在这种分析中，我们计算一个典型情况下的比较次数。

我们在这里描述的过程被称为冒泡排序法。下图显示了该算法的一个过程。

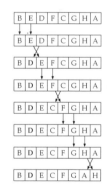

请注意，A 向前面的纸堆只移动了一步。它将需要六轮才能上推到正确的位置。

我们在这里描述的算法被称为归并排序（merge sort）。这是采取分治策略（divide-and-conquer）以解决问题的一个例子：我们承担了一项大任务，把它分解成更小，更易管理的部分，先解决这些子问题，然后把子问题的答案进行合并。

需要的话）对它们进行互换，那么按照字母顺序排列这些试卷需要花费五个多小时。这是无法容忍的。

我感到很沮丧，于是离开办公室出去散步。在大厅，我看到两个为我工作的博士后，一个邪恶的笑容浮现在我的嘴边。很快，我跑回办公室，把未分类的一堆试卷分成两半，分给他们每人各五十份。"给你们每个人一堆试卷"，我说，"请把每一堆按字母顺序排列，然后还到我的办公室。"搞定！我高兴地回到办公室。

当我的博士后对试卷进行排序后，我还有一些工作要做。我需要将他们分别整理的试卷合并到一起。那会有多困难？我将把这两摞排列好的试卷放在我的桌子上。我会查看每一摞最上面的试卷，看哪一张更靠近字母表的前面。下图说明了这个合并过程：

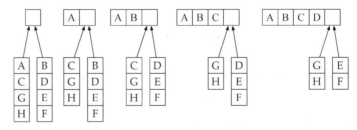

当其中一摞用尽后，我只要将另一摞剩下的试卷放在排好的试卷后面。在最复杂的情况下，我只做了99次对比。我可以在几分钟内做到这一点！

但是我的博士后呢？每个人有50张试卷要

进行排序。他们都极其聪明，所以他们并没有自己整理，而是把各自的试卷分成两半（所以每个人未排序的试卷变为四摞，每一摞为25张），然后让四个研究生对这些试卷进行排序。当研究生完成工作后，博士后们只需要各自将两摞各25张的试卷合并成一摞。每个博士后最多进行49次对比。

然而四个研究生都不傻。他们每人把试卷分成两摞（每摞有12张和13张卷子），并找到8名高年级本科生，要求他们对小摞的试卷进行分类。研究生仍然需要将本科生返给他们的试卷进行合并，然后再将各自的25张交给博士后。

高年级本科生如何对试卷进行排序呢？你猜对了：他们把各自的试卷又分成一半（每摞6或7张），让低年级本科生进行排序。三年级学生又将每一摞试卷分成两半（每摞3或4张），并交给二年级学生。最后，二年级学生再把试卷分成两半（每个1或2张），并把它们交给一批大一新生。大一新生只能靠自己，他们直接将试卷排序——这并不困难，因为他们的试卷只有1或2张！

很明显，这个"庞氏骗局"节省了我的时间，但总的工作量是多少？让我们来计算一下在这个庞大的项目里的所有的人做了多少次对比。下面的图表说明了所有的工作：

排序者	工作人员数量	每人对比的次数	总对比次数
我	1	99	99
博士后	2	49	98
研究生	4	24	96
高年级大学生	8	12	96
低年级大学生	16	6	96
二年级大学生	32	3	96
大一新生	64	1	64
		次数总和	645

这个方法的总体工作量比我们之前描述的冒泡排序方法要少得多。

不幸的是，这个想法有一个小缺陷：没有任何博士后为我工作！所以，我无法创建一支名副其实的助手军队按照字母顺序排列我的考卷，而是自己去完成这个过程。

我首先找到一张大而空的会议桌。我把100张考卷分成两摞，每摞50张，各自放在桌子的两端。我分别对这两摞进行排序，然后把这两摞合并在一起。我如何进行排序呢？我使用完全相同的算法！我把两摞各自包含50张的试卷分别分成25张，然后合并。25张一摞的试卷按照相同的归并方法进行排序。所做的对比总数与以前相同（645次），只不过现在的所有的工作由我一人完成。尽管如此，这比冒泡排序所需要的近万次对比工作要少得多。

一个单词在字典中的定义不应包括被定义的单词本身。想象一下，在字典中查找贫困这个词时却只能找到这个定义：

贫困：处于贫困状态。

没用的解释！有趣的是，归并排序算法的定义犯有这种自我指认的"罪名"。此处是归并排序的一个更为正式的描述（省略了所有细节）。

归并排序算法

输入：一个列表，各项为a_1，a_2，$\cdots$，a_n

输出：按顺序排列的项

1. 如果$n=1$，列表已经按照顺序排列，并将其作为输出返回。否则，继续第2步。

2. 将输入列表分成两个（几乎）相同的子列表。使用归并排序方法在对子列表进行排序。

3. 合并子列表以创建输出列表。

如果我们加入对合并步骤工作的解释，就会得到完整的归并排序算法的描述。

根据自身定义的算法被称为递归。与对于贫穷的没有创造性的定义相反，这个定义是可以接受的，因为自我指认的循环最终会结束。得益于第1步，一旦列表足够短，归并排序过程就不会重复进行，不存在"无穷递降"。

最大公约数

能被986和748两个数字整除的数字中，哪一个最大？解决这个问题最简单的方法就是开始尝一些简单的例子可以让你检验自己的理解：

gcd（10，15）=5

gcd（12，16）=4

gcd（13，11）=1

gcd（10，20）=10

gcd（17，17）=17

在计算gcd（a，b）时，将a和b进行因数分解的效率要高于在整除实验中一直试到a与b的最小值的效率。要找到一个整数a的质因数，最多只需要$\sqrt{a}$次尝试。所以这比第一种方法有了明显的改进，但对于大的（100位）整数仍然不可行。

试可能性。很明显，986和748都可以被1整除。而且很容易看出两者都可以被2整除。它们都不能被3整除。其中一个，748可以被4整除，而另一个则不能。我们所要做的是不断尝试可能的因数，并跟踪结果。当我们达到748时，停止测试除数，因为没有大于748的整数可以成为748的因数。试过所有可能性之后，我们发现986和748仅有的公约数是1、2、17和34。所以986和748的最大公约数（greatest common divisor）是34。对于任何两个正整数a和b，标记gcd（a，b）代表它们的最大公约数。

从上述方法产生了一个简单正确的算法来计算两个正整数的最大公约数。它的弱点是效率低下。要找到两个三位数字的gcd需要尝试数百个可能的因数。有没有更好的办法？

让我们更仔细地观察986和748。既然我们在寻找共同的因数，那么将它们分解为质数似乎是很自然的（参见第1章）。下面是它们的质因数分解：

$$986 = 2 \times 17 \times 29 \text{和} 748 = 2 \times 2 \times 11 \times 17。$$

从这些分解中，我们可以通过"抓取"两个数字共有的所有质数来计算gcd。由于二者都有一个因数2和一个因数17，他们的gcd是$2 \times 17 = 34$。

我们如何有效地对数进行分解？不幸的（我们在第一章中提到）是我们不知道。我们需要一个新的想法。

这个新想法来自欧几里得。假设 d 是986和748的一个公约数。这意味着

$$986 = xd 且 748 = yd$$

其中 x 和 y 是整数。这意味着 d 是986−748的约数。下面用代数来表示这个说法：

$$986 - 748 = xd - yd = (x - y)d$$

由于 x 和 y 是整数，所以 $x - y$ 也是整数。因此，986和748之差也是 d 的倍数。注意，986−748 = 238。

同样，任何748和238的公约数都是986的公约数。以下是原因。如果 e 是748和238的公约数，那么我们得出

$$748 = ue 且 238 = ve$$

u 和 v 是整数。因此

$$986 = 748 + 238 = ue + ve = (u + v)e$$

从中我们推导出986是 e 的倍数。

结论：986和748的公约数与748和238的公约数完全相同。为了准确地表示，以下是所有三个数字的约数，加下划线的是它们共享的约数：

986的约数→<u>1</u>, <u>2</u>, <u>17</u>, 29, <u>34</u>, 58, 493, 986
748的约数→<u>1</u>, <u>2</u>, 4, 11, <u>17</u>, 22, <u>34</u>, 44, 68, 187, 374, 748

238的约数→1, 2, 7, 14, 17, 34, 119, 238

因为它们的公约数是一样的，我们得出

gcd（986，748）＝gcd（748，238）（A）

因此计算gcd（986，748）的问题转换为计算gcd（748，238）。这是进步，因为我们将计算较小的数字。让我们再次尝试相同的技巧。

如果*d*是748和238的一个公约数，那么它也是它们之差的约数。但是我们可以走得更远。我们可以从748中多次减去238，并做出相同的论断。具体而言，如果*d*能整除748和238，那么我们说*d*也是748−3×238的一个约数。下面是支持这个结论的代数表达，写作

$$748 = xd 且 238 = yd$$

其中*x*和*y*是整数。那么

$$748 - 3 \times 238 = xd - 3yd = (x - 3y)d$$

因此*d*是748−3×238＝34的公约数。

相反，如果*e*是34和238的约数，那么*e*也是748的约数。下面是代数表达，因为*e*是238和34的公约数，所以

$$238 = ue 且 34 = ve$$

*u*和*v*是整数。因此

$$748 = 3 \times 238 + 34 = 3 \times (ue) + ve = (3u + v)e$$

所以e是748的约数。因此，三个整数748，238和34具有完全相同的约数，我们可以得出结论：

gcd（748，238）= gcd（238，34） （B）

联立等式（A）和（B）得出

gcd（986，748）= gcd（748，238）= gcd（238，34）

我们差不多完成了。注意238可以被34整除（因为238＝34×7），所以gcd（238，34）＝34。最后的结果是

gcd（986，748）= gcd（748，238）= gcd（238，34）= 34

让我们回顾一下在这个计算中如何得出中间数。我们从986中减去748得到238。我们从748中减去3次238，得到34。为什么我们在第一种情况下减去一次而在第二种情况下减去三次呢？我们希望尽可能地使数字变小，因为计算小数字的gcd比大数字更容易。所以我们希望尽可能多地从较大的数中减去较小的数。注意，986里只有一个748（在除法的意义上），余下238。然而，748里有三个238，余数为34。我们只能用948次减去一次748，但是我们可以用748减去三次238。

我们准备将这个例子的思想汇集成一个计算

例如，如果$a=100$，$b=40$，那么商$q=2$，余数$c=20$。那么得到100 - 2×40=20。

两个正整数的最大公约数的算法。给出两个正整数a和b，我们要计算它们的最大公约数gcd（a，b）。我们将尽可能减去b的倍数。为了弄清楚减去多少次，我们用a除以b得到商q和余数c。代数上，我们有

$$a - qb = c$$

如果b碰巧是a的除数，那么这个除法是整除，余数c是零。否则，c是正数，但小于b（如果c大于b，我们可以再减去一个b）。

现在假设d是a和b的一个公约数。意即

$$a = xd 且 b = yd$$

其中x和y是整数。因此

$$c = a - qb = xd - q(yd) = (x - qy)d$$

所以c也是d的倍数（因为$x - qy$是一个整数）。

另一方面，如果e是b和c的公约数，那么得出

$$b = ue 且 c = ve$$

u和v是整数。因此

$$a = c + qb = ve + q(ue) = (v + qu)e$$

所以e是a的一个除数。

我们已经证明，a和b的公约数与b和c的公约数完全相同。因此，

$$gcd\ (a,\ b)\ =gcd\ (b,\ c) \qquad (C)$$

让我们看看等式（C）如何使我们有效地计算两个大整数的最大公约数：$a=10693$和$b=2220$。

我们用a除以b，发现10693有4个2220，余数$c=1813$。

$$10693=4×2220+1813$$

因此

$$gcd\ (10693,\ 2220)\ =gcd\ (2220,\ 1813)$$

现在我们"重新开始"并设$a'=2220$且$b'=1813$。将a'除以b'可以看出2220只有一个1813，余数$c'=407$。因此，依据等式（C）

$$2220=1×1813+407。$$

$$\begin{aligned}gcd\ (10693,\ 2220)\ &=gcd\ (2220,\ 1813)\\ &=gcd\ (1813,\ 407)\end{aligned}$$

重新开始，这次设$a''=1813$且$b''=407$，我们发现1813里有四个407，余数为185。再次，依据等式（C）：

$$1813=4×407+185。$$

$$\begin{aligned}gcd\ (10693,\ 2220)\ &=gcd\ (2220,\ 1813)\\ &=gcd\ (1813,\ 407)\\ &=gcd\ (407,\ 185)\end{aligned}$$

设$a'''=407$且$b'''=185$。相除，我们看到，407里有两个185，余数$c'''=37$。

$$407=2×185+37。$$

$$gcd\ (10693,\ 2220)\ =gcd\ (2220,\ 1813)$$

$$= \gcd(1813, 407)$$
$$= \gcd(407, 185)$$
$$= \gcd(185, 37)$$

185=5×37+0。

我们离结果越来越近！设 $a'''' = 185$ 且 $b'''' = 37$，相除——185里正好有五个37。因此 gcd（185，37）=37。我们完成了计算：

$$\gcd(10693, 2220) = \gcd(2220, 1813)$$
$$= \gcd(1813, 407)$$
$$= \gcd(407, 185)$$
$$= \gcd(185, 37) = 37$$

在第6章中我们介绍了整数互素的概念。它可以这样描述：假设 gcd（a，b）=1那么 a 和 b 互素。由于欧几里得算法可以高效地计算两个数字的gcd，它提供了一个有效的方法来查看两个数字是否互素。

我们找到了10693和2220的最大公约数，只用了五次除法！欧几里得的最大公约数算法可以总结如下：

欧几里得的GCD算法

输入：两个正整数 a 和 b

输出：gcd（a，b）

1. a 除以 b 得到商 q 和余数 c。

2. 如果 $c = 0$，则返回 b；该值是 a 和 b 的最大公约数。

3. 否则，计算 gcd（b，c）并返回该值。

检验你对欧几里得算法的理解，找出1309和1105的最大公约数。你可以使用计算器。答案在

第157页。

最小公倍数

最大公约数概念与最小公倍数（least common multiple）概念密切相关。假设有两个正整数，比如10和15，它们的最小公倍数是同时满足是二者倍数的最小正整数；在这种情况下，答案是30。a和b的最小公倍数标记为lcm（a，b）。最小公倍数概念可以用于分数的相加。例如，$\frac{1}{10}$和$\frac{1}{15}$相加，首先要使用一个公分母来重写这些分数。这个公分母可能是任何10和15倍数的数字，其中最简单的是它们的最小公倍数。因为lcm（10，15）=30，我们可以用分母30重新表示$\frac{1}{10}$和$\frac{1}{15}$，然后做加法：

$$\frac{1}{10}+\frac{1}{15}=\frac{3}{30}+\frac{2}{30}=\frac{5}{30}=\frac{1}{6}$$

找到小数字的最小公倍数不是太具有挑战性，但是我们如何计算大数字的最小公倍数？例如，364和286的最小公倍数是几？

一种方法是写出这两个数字的倍数，并找到一个匹配：

364的倍数→364，728，1092，1456，1820，2184，…

这种方法效率低下，但并不是无望的。我们知道364×286的积是这两个数字的倍数。我们只是希望能碰巧发现一个较小的公倍数。

286的倍数→286，572，858，1144，1430，1716，2002，…

如果我们把这些列表扩展得足够长，会发现4004是它们共同拥有的第一个数字，所以lcm（364，286）=4004。

下面是另外一个想法。将364和286因数分解为质数：

$$364 = 2 \times 2 \times 7 \times 13 和 286 = 2 \times 11 \times 13$$

364的倍数必定包括质数因数$2 \times 2 \times 7 \times 13$，且286的倍数必须包括质数因数$2 \times 11 \times 13$。因此，在建立这些数字的公倍数时我们必须有以下几个因数：两个2，一个7，一个11和一个13（我们不需要两个13）。

$$2 \times 2 \times 7 \times 11 \times 13 = 4004$$

而实际上，4004是364和286的最小公倍数。

这似乎是一个很棒的方法，正如我们在本章前面和第一章中所解释的那样，没有一种已知的有效方法来分解大整数。

虽然因数分解并没有给出一个计算两个数字的最小公倍数的高效算法，但它确实带给我们一个重要的见解。我们来比较一下gcd和lcm的分解方法。

这两个数字的七个质数因数是：

$$\underbrace{2\ 2\ 7,\ 13}_{364}\quad \underbrace{2\ 11\ 13}_{286}$$

我们通过收集这些列表中的共有质数因数来形成364和286的gcd。有两个：2和13。

要创建364和286的公倍数，我们需要合并出现在两个列表中的所有质数。但是，我们不需要两个13（一个就足够了），我们不需要三个2（两个就足够了）。换句话说，我们通过把一个列表中所有的质数和另一个列表中的所有质数合并，但要将"冗余"的质数（两个列表中共有的质数）去掉就能创建lcm。这些质数有五个：2，2，7，11，13。

检验：

$$\gcd\ (364,286) = 26 = 2 \times 13,$$
$$且\ \mathrm{lcm}\ (364,286) = 4004 = 2 \times 2 \times 7 \times 11 \times 13$$

注意，我们用于lcm的质数包括两个数字的所有质数因数，除了用于gcd的那两个：

$$\underbrace{2 \times 2 \times 7 \times 11 \times 13}_{lcm} \times \underbrace{2 \times 13}_{gcd}$$

换句话说，我们得出

$$364 \times 286 = (2 \times 2 \times 7 \times 13) \times (2 \times 11 \times 13)$$
$$= (2 \times 2 \times 7 \times 11 \times 13) \times (2 \times 13)$$
$$= \mathrm{lcm}\ (364,\ 286) \times \gcd\ (364,\ 286)$$

这个例子没有什么特别之处。对于任何两个

正整数a和b，我们有

$$a \times b = \text{lcm}(a, b) \times \text{gcd}(a, b)$$

我们可以重新排列这个公式

$$\text{lcm}(a, b) = \frac{ab}{\text{gcd}(a, b)} \qquad (D)$$

由于欧几里得的算法给出了一个有效的方法来计算两个整数的最大公约数，所以它也给出——得益于等式（D）——找到它们的最小公倍数的有效方法。

解决*gcd*问题的答案。 使用欧几里得算法：

$$1309 = 1 \times 1105 + 204$$
$$1105 = 5 \times 204 + 85$$
$$204 = 2 \times 85 + 34$$
$$85 = 2 \times 34 + 17$$
$$34 = 2 \times 17 + 0$$

因此：

$$\text{gcd}(1309, 1105) = \text{gcd}(1105, 204) = \text{gcd}(204, 85)$$
$$= \text{gcd}(85, 34) = \text{gcd}(34, 17) = 17。$$

美丽的数学

13. 三角形

三角形是由连接三个点的三条线段组成的几何图形。在本章中，我们将探索这些不起眼的形状所具有的一些众所周知的特征，并揭开它们的一些奥秘。让我们从两个熟悉的三角形公式开始：角度之和与面积。

三个内角之和为 180°

关于三角形我们最熟悉的事实，或许是当我们测量一个三角形的三个内角时，会发现它们的和是180°。

我们怎么知道这是确定无误的？我们可不是通过从纸上剪下很多三角形，然后用量角器来检验它们的角度的！让我们看看证明的过程。

选择一个三角形——任意一个三角形——并将它的三个角命名为 A，B 和 C。假设这些角的度数分别是 $x°$，$y°$ 和 $z°$。我们想证明 $x° + y° + z° = 180°$。

（在你的脑中或纸上）画出与线段AC平行并过B点的线L，如下所示：

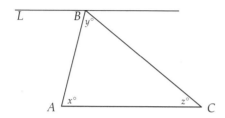

接下来，我们延长线段AB和BC，使它们穿过线L。这样会在L的另一侧创建三个角。

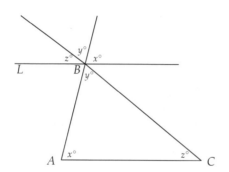

注意，我们创建的三个新的角合在一起，恰好填满了线L的一侧。这表明这三个角之和为180°。在图中，我们将新形成的角标记为x°，y°和z°，因为它们的大小与三角形的三个内角相同。为什么？

当两条平行线被第三条直线所截时，截线与平行线形成的夹角相等。当两条线相交时，所形成的对顶角相等。参照右图。

现在重新回到这三个新角。因为AC和L是平行线，所以切线AB形成的夹角相等——都是

$x°$。同样，BC也截出两个相等的角——都是 $z°$。最后，AB和BC两条线在B点相交，它们形成的两个角相等——都是$y°$。

概括如下：

- 三个新的角正好覆盖线L的一侧，所以它们相加为180°。
- 三个新的角与三角形的三个内角大小相等。

因此我们可以得出结论：$x+y+z=180$。

面积

无数的学生都记得三角形的面积等于底乘以高的一半。回想一下，"底"是三角形的一个边，"高"是顶点到底边的距离。

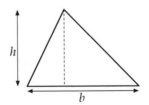

如果底的长度是b，高是h，那么三角形的面积是$\frac{1}{2}\times b\times h$。

熟悉的公式！但是怎么证明呢？有一个比公式本身更有趣的可爱的解释。

复制出我们想求出面积的三角形，翻转它，并与原来的三角形对齐，形成一个下面这样的平行四边形：

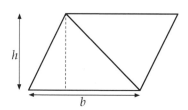

我们展示了如何从边长为 a 和 b 的矩形面积为 $a \times b$ 的事实中导出三角形面积公式 $= \frac{1}{2}bh$。

因为这个平行四边形由两个相同的三角形组成，所以它的面积是最初三角形面积的两倍。

现在我们沿虚线剪掉一条边外面的小三角形将平行四边形"摆平"。将那个小三角形贴在平行四边形的另一边，就像下面这样：

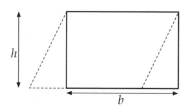

结果出现了一个边长为 b 和 h 的矩形，其面积是 $b \times h$。由于这个矩形包含两个相同的三角形，所以一个三角形的面积是 $\frac{1}{2} \times b \times h$。

如果给定一个物理三角形，比如用木头制成的三角形，我们很容易使用卷尺测量某一个边长。但是测量高度并不方便。我们可以把卷尺放在一个顶点，但是必须估测出对边对应的点的位置。

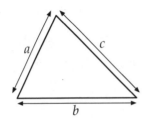

所以假设我们知道三角形三边的长度。我们如何计算它的面积？是否难度很大？不，只需要一个英雄的帮助——他是生活在2000年前的亚历山大港的希罗（Hero）。

假设一个三角形的边长是a，b和c，如左图所示。

为了计算它的面积，希罗告诉我们先把各边的长度相加再除以2。结果为s：

$$s = \frac{1}{2}(a+b+c)。$$

下一步是把四个数字a，b，c和s代入公式来求面积：

$$面积 = \sqrt{s(s-a)(s-b)(s-c)}$$

例如，如果三角形的边长为4，5和7，则$s = \frac{1}{2}(4+5+7) = \frac{1}{2} \times 16 = 8$。

得：

$$面积 = \sqrt{8(8-4)(8-5)(8-7)} = \sqrt{8 \times 4 \times 3 \times 1}$$
$$= \sqrt{96} \approx 9.8$$

下面是希罗公式的替代版本，我们不需要首先计算出s的值：

$$面积 = \frac{1}{4}\sqrt{(a+b+c)(a+b-c)(a+c-b)(b+c-a)}$$

回到边长为4，5和7的三角形，计算过程

如下：

$$面积 = \frac{1}{4}\sqrt{(4+5+7)\times(4+5-7)\times(4+7-5)\times(5+7-4)}$$

$$= \frac{1}{4}\sqrt{16\times2\times6\times8} = \frac{1}{4}\sqrt{1536} \approx 9.8$$

还有几个公式可以计算三角形的面积，但是让我们用个人最喜欢的方法来讨论这个部分。该公式适用于绘制在方格纸上，三个角位于网格点上的三角形，如下图所示。

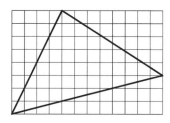

假设网格中的方格大小为1×1，我们可以通过计算完全包含在三角形内部的单元格的数量，然后通过被三角形各边截过的格子计算出剩余面积以计算出三角形的面积。那将会非常复杂。

皮克定理（Pick's Theorem）提供了一个更简洁的方法。与计算小方格数目不同的是，我们计算格点。首先我们计算三角形内部的格点的数量，命名为数字I。然后我们计算三角形边线上的

这是计算这个三角形面积的另一种方法。注意，三角形非常贴合地位于一个8×12的矩形中，它的面积为8×12=96。三个"零碎"的直角三角形可以扔掉。这些废弃的三角形的面积很容易计算，因为它们是直角三角形。

左边的三角形边长为8和4，所以面积为$\frac{1}{2}$×8×4=16。

右上角的三角形边长为8和5，面积为$\frac{1}{2}$×8×5=20。

而下面的边长为12和3，所以它的面积是$\frac{1}{2}$×12×3=18。

三个三角形的总面积是18+20+16=54。我们用矩形的面积减去这个面积96－54=42。

点的数量，命名为数字B。

皮克定理告诉我们：

$$面积 = I + \frac{1}{2}B - 1。$$

我们在图中绘制了三角形，以便计算点数。在三角形内部包含了$I = 38$个格点，在边线上有$B = 10$个格点（包括顶点）。因此，依据皮克定理得：

$$面积 = 38 + \frac{1}{2} \times 10 - 1 = 42。$$

在这个部分的结尾留给你一道题。假设我们希望求出绘制在方格纸上的四边形的面积，且四边形的四个顶点位于格点上。如果四边形内部包含I个格点，边线（包括四个顶点）包含B个格点，那么四边形的面积是多少？答案在第171页。

现在思考五边形、六边形的面积问题。

中心

三角形的"中心"是什么意思？三角形中心的定义方式不止一种，每一种都有其独特的魅力。

让我们从一个叫作三角形重心（centroid）的点开始。在三角形中，画出从每个顶点到对边中点的线段。令人惊讶的是，这三条线段相交于一点，这个点被称为重心。如下图所示：

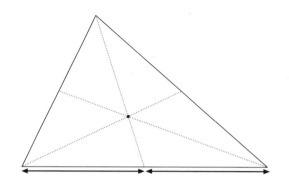

　　重心还有另外一个有趣的特性，它可以是质心：如果三角形是由一些坚固的材料制成的（比如说薄金属片），质心就是三角形平衡的点。当然，平衡是脆弱的，所以测量必须是精准的。

　　我们不需要画出中线，让我们画出从三角形的顶点到对边的尽可能短的线段。这样每条线段会垂直于对边。令人高兴的是，这三条线段也在一个被称为垂心（orthocenter）的点上相交。如下图：

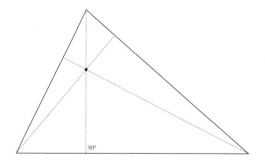

　　接下来是：角平分线。我们从三角形的顶点画出三条线段，但是这次所画的线段要精准地将角平分。也就是说，线段将角分成两个相等的部分。如同前面的例子一样，这三条线段也交于一点，即内心（incenter）。

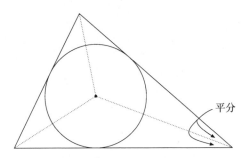

平分

之所以被称作内心是因为它是三角形内最大圆的圆心，它被称为内切圆（inscribedcircle）。

我们的下一个例子不是从三角形的三个角画出三条线段，而是从各边中点画出三条与之垂直的线段。它们被称为垂直平分线（perpendicular bisectors），因为它们将边分成相等的两部分并垂直于边。令人高兴的是，这三条线也相交于一点，被称为三角形的外心（circumcenter）。这个点也是包围这个三角形的最小圆——外接圆——的圆心。

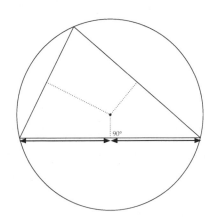

如果一个三角形是等边三角形（所有边长相等），这四个不同的中心（重心、垂心、内心、外心）合于一心。但一般而言，它们是不同的。下图显示了（除去了杂乱的各种线段）四个三角形中心所在的四个位置。

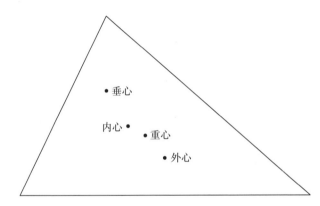

有趣的是，这四个"中心"的一部分可能会落于三角形的外部！你能弄清楚是哪一个吗？答案见后面。

暗藏的等边三角形

这一次我们不画角平分线，而是画角的三等分线（trisectors）。也就是说，我们从每个顶点画出将角分成三个相等部分的两条线段。总共有六条线段（每个顶点有两条）。当然，它们不会相交于一点，但是每相邻的（不在同一个角的）两条三等分线的交点构成了一个等边三角形的顶点。

令人惊叹的莫雷定理（Morley's Theorem）告

诉我们，这个小三角形总是一个等边三角形！

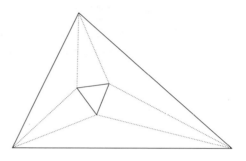

这里有另外一种方法可以找到暗藏在任何给定三角形周围的等边三角形。随意选择一个三角形（下图中粗线部分），并在它的每条边上添加一个等边三角形（细线部分）。我们用点标出每个扩展部分的中心，如下所示：

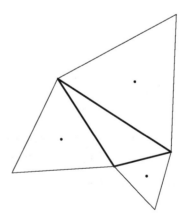

接下来，将这三个点连起来——瞧——新的三角形是一个等边三角形（下图中虚线部分）：

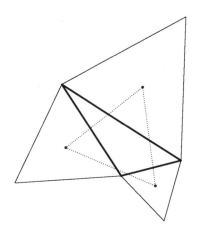

应用于四边形的皮克定理。 在网格上绘制一个四边形，并画出它的一条对角线，这样我们就得到了两个三角形，如下图所示。

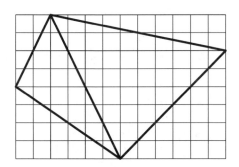

我们可以使用皮克定理计算出每个三角形的面积，然后将这两个面积相加。对于这两个三角形（左侧的称为 L，右侧的称为 R），已知

$$I_L = 13，\ B_L = 8，\ \text{面积} = 13 + \frac{1}{2} \times 8 - 1 = 16$$

$$I_R = 31，\ B_R = 12，\ \text{面积} = 31 + \frac{1}{2} \times 12 - 1 = 36$$

因此四边形的面积为16＋36＝52。

令人高兴的是，皮克定理同样适用于四边形！原因如下。

不用重新计算格点，让我们利用已经完成的工作。

上页左侧三角形内部有13个点，右侧内部有31个点。但要注意的是，在四边形内部的对角线上有3个点；我们也需要将它们计算在内。得：$I_Q = 31 + 13 + 3 = 47$。

对于四边形的边线，我们知道左侧三角形边线上有8个格点，右侧边线上有12个格点，总共有20个。但是这出现了重复计算。对角线上的3个内部格点不应该被计算在内，并且每个都被数过两次，因此我们需要减去6。对角线的两个端点也都被计算了两次，所以我们需要减去2。因此$B_Q = 20 - 6 - 2 = 12$。

我们现在计算：

$$I_Q + \frac{1}{2}B_Q - 1 = 47 + \frac{1}{2} \times 12 - 1 = 52$$

这是——令人惊讶的——正确答案！这是怎么回事？

两个三角形L和R的面积相加：

$$\left(I_L + \frac{1}{2}B_L - 1\right) + \left(I_R + \frac{1}{2}B_R - 1\right)$$

得到四边形的面积。我们来重写这个公式：

$$面积 = (I_L + I_R) + \frac{1}{2}(B_L + B_R) - 2$$

$I_L + I_R$遗漏了四边形的一些内部格点。但$B_L + B_R$重复计算了边线上的格点。对角线上的内部格点被计算了两次，但是它们确实属于I_Q项（除以2以进行抵消）。对角线的两个端点在计算边线格点时被重复计算。除以2解决了问题，再减去2（而不是1）令一切变得正确无误！

事实上，皮克定理适用于任何顶点落在格点上的多边形。

落于三角形外部的三角形中心。如果一个三角形是钝角三角形（其中一个角大于90度），则外心和垂心会位于三角形的外部。如下图所示。

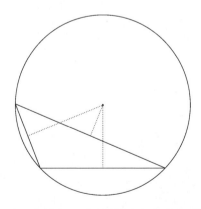

找到一个钝角三角形的垂心有点困难。解决的思路是延长三角形的边。以下一页图中绘制的三角形ABC为例。

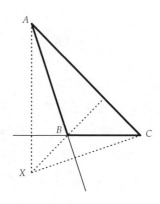

　　我们通过绘制三条线来定位垂心：（1）过顶点A垂直于BC（我们必须延长）的直线，（2）过顶点B垂直于AC的直线，以及（3）过顶点C垂直于AB的直线（也延长）。这三条线相交于X点，即垂心。

14. 毕达哥拉斯和费马

毕达哥拉斯定理

在《绿野仙踪》的结尾，稻草人并没有得到大脑，但他获得了智慧。通过彻底篡改毕达哥拉斯定理来炫耀自己的新知识，他自豪地说：

> "等腰三角形任意一个两边的平方根的和等于剩余一边的平方根。"

事实上，毕达哥拉斯定理没有提到等腰三角形，而是指出直角三角形——其中一个是直角（90°）的三角形——的边长之间的关系。

假设有一个直角三角形，我们用字母a和b表示直角边的长度（形成直角的两边），我们用c表示斜边长度（剩下的一边）。

毕达哥拉斯定理认为这三个长度的关系可以表示为等式

$$a^2 + b^2 = c^2$$

等腰三角形是有两条边相等的三角形。

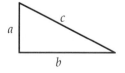

毕达哥拉斯定理表明大小为1×1的正方形的对角线长度为$\sqrt{2}$。证明过程如下：注意这样一个正方形的对角线创建了两个直角三角形，它们的直角边的长度都是1，对角线的长度是未知的，设为c；根据毕达哥拉斯定理，$c^2=1^2+1^2=2$；取平方根得出$c=\sqrt{2}$；我们在第4章讨论了数字$\sqrt{2}$。

以下是这个定理正确的陈述（如同稻草人想要陈述的那样）：

毕达哥拉斯定理：*在直角三角形中，斜边长度的平方等于另外两边长度的平方之和。*

我们提出的论证是基于几何分割的思想：我们画一个图形，以两种不同的方式来计算它的面积，然后——好啦——毕达哥拉斯定理出现了。证明如下。

从四个相同的直角三角形开始，它们的直角边长度为a和b，斜边长度为c。把这四个图形排列，形成一个大的（$a+b$）×（$a+b$）的正方形，如下图所示：

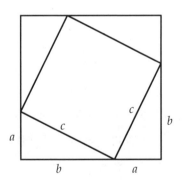

这个大正方形的面积是$(a+b)^2=a^2+2ab+b^2$。

现在我们把这个图解分割为五个部分：四个直角三角形加一个$c \times c$的正方形。这里是重新排列后的图形，以方便查看：

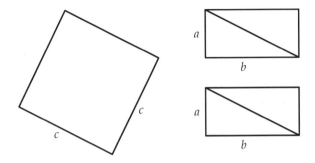

我们已经将四个直角三角形组合成两个矩形，以使得总面积的计算尽可能简单：正方形的面积是 c^2，两个矩形的面积都是 ab。所以这些部分的总面积是 c^2+2ab。

我们用两种方法确定了图的面积：一种得出的面积是 $a^2+2ab+b^2$（从原图得出），另一种是 c^2+2ab（来自重新排列的图形）。由于这些都是正确的计算图形面积的方法，我们得出结论：

$$a^2+2ab+b^2=c^2+2ab$$

从这个等式的两边减去 $2ab$ 得到：

$$a^2+b^2=c^2$$

毕达哥拉斯定理得到了证明。

毕达哥拉斯定理还有其他的分割证明法，具有相同的形式。我们将一些直角三角形组合成一个形状，计算出该形状的面积，将其与组成部分的面积进行比较，得到一个方程：$a^2+b^2=c^2$。

例如，将四个直角三角形排列成一个大小为

这个证明归功于12世纪的印度数学家巴斯卡拉（Bhaskara）。

$c \times c$的正方形，如下所示：

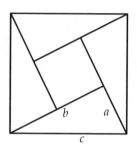

这个图形的总面积是c^2。现在请求出小的内部正方形加上四个三角形的面积。详见第184页。

这是美国第20任总统詹姆斯·加菲尔德提出的另一种分割证明。

使用两个直角三角形和一条线段构成一个梯形。

梯形是一个四边形，其中两边是平行的，而另外两边是不平行的。平行的两边被称为梯形的底边。梯形的面积公式是$\frac{1}{2}(b_1+b_2)h$，其中b_1，b_2是底边的长度，h是底边之间的距离。

注意，加菲尔德的图解可以看作我们第一次证明中所用图的一半。

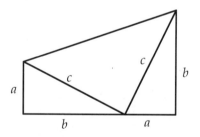

直接计算梯形的面积，然后用三个三角形的面积相加再计算一次。答案在第185页。

复数的绝对值

数字的绝对值是删除数字负号的结果（如果有的话）。例如，|−5|等于5。我们可以把−5这个数字看成是"大小为5"，但是是在负的方向上。更严格地说，绝对值是这样定义的：

$$|x| = \begin{cases} x & if\ x \geq 0 \quad \text{并且} \\ -x & if\ x < 0 \end{cases}$$

因此|12|＝12，|−7|＝7，且|0|＝0。

这里有一个几何解释：数字x的绝对值是数字线上x和0之间的距离。

数字的绝对值是数字从左边或右边距离0的距离，数字（正数或负数）的符号并不重要。

我们如何将绝对值的概念扩展到复数？|3＋4i|是什么意思？我们不能说3＋4i是正的或负的——这些描述不适用于此类情况。相反，我们的目标是将复数的绝对值定义为到0的距离。为此，我们需要复数的一个几何图形。就像实数可以在一条线上可视化那样，复数也能被表示为平面上的点。假设复数3＋4i位于原点右侧3个单位，然后向上4个单位，如右图所示。

现在我们计算从3＋4i到原点的距离。这由图

本节讨论复数，我们曾在第5章中介绍过。

将复数3＋4i可视化为平面上的一个点。

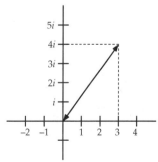

中的双向箭头表示。注意，这个箭头是边长为3和4的直角三角形的斜边。设c为该斜边的长度。根据毕达哥拉斯定理

$$c^2 = 3^2 + 4^2 = 9 + 16 = 25$$

因此$c = \sqrt{25} = 5$。结论：$|3 + 4i| = 5$。

一般情况下，复数$a + bi$位于一个点，a位于0的水平单位，b位于0的垂直单位。将原点和$a + bi$相连的线段是直角三角形的直角边，其长度为a和b。用c来表示斜边的长度，根据毕达哥拉斯定理$c^2 = a^2 + b^2$，因此

$$|a + bi| = \sqrt{a^2 + b^2} \qquad (\text{A})$$

难题！数字1，-1，i和-i的绝对值都等于1，但它们不是所有绝对值为1的数字。以几何形式描述绝对值等于1的所有复数。答案在第185页。

注意，该公式适用于实数以及复数。例如，要计算$|-4|$的笨办法是，我们把-4看作$-4 + 0i$。将$a = -4$和$b = 0$代入方程（A）中，得

$$|-4| = |-4 + 0i| = \sqrt{(-4)^2 + 0^2} = \sqrt{16} = 4$$

毕达哥拉斯三元数组

边长为3，4，5的直角三角形为古埃及人所知。

一个直角三角形，其直角边长度为3和4，斜边长度为5。三个长度都是整数。另外，如果直角边的长度是5和12，那么斜边长度是

$$\sqrt{5^2 + 12^2} = \sqrt{25 + 144} = \sqrt{169} = 13$$

这也是一个整数。我们并不总是那么幸运。如果直角边的长度是2和3，则斜边长度是$\sqrt{13}$，这不是一个整数。

形成直角三角形边长的三个正整数a，b，c，称为毕达哥拉斯三元数组（Pythagorean triple）。最简单的例子是3，4，5和5，12，13。还有其他的吗？我们如何找到它们？令人惊讶的是，产生毕达哥拉斯三元数组的关键在于复数！

在我们深入细节之前，让我们看看复数$z=2+i$如何产生3，4，5这个三元数组：

- 步骤1：计算z^2。

$$z^2 = (2+i)\times(2+i) = (4-1)+(2+2)i = 3+4i$$

- 步骤2：计算$|z^2|$。因为$z^2=3+4i$所以

$$|z^2| = \sqrt{3^2+4^2} = \sqrt{25} = 5$$

步骤2中的计算表明3，4，5是毕达哥拉斯三元数组：在复平面中从0到$3+4i$的线段形成直角边长为3和4的直角三角形的斜边，其长度为5。

我们再次用复数$z=3+2i$来尝试这个过程。我们计算z^2，然后它的绝对值是：

$$z^2 = (3+2i)\times(3+2i) = (9-4)+(6+6)i = 5+12i$$
$$|z^2| = |5+12i| = \sqrt{5^2+12^2} = \sqrt{169} = 13$$

我们找到了5，12，13三元数组！

再举一个例子，然后我们将探讨它的原理。从 $z=5+2i$ 开始，求它的平方并计算结果的绝对值：

$$z^2=（5+2i）\times（5+2i）=（25-4）+（10+10）i=21+20i$$
$$|z^2|=|21+20i|=\sqrt{21^2+20^2}=\sqrt{441+400}=\sqrt{841}=29$$

我们发现了另外一个毕达哥拉斯三元数组：20，21，29。

让我们通过回到第一个例子来探索这个工作原理：$z=2+i$。注意 $|z|=\sqrt{2^2+1^2}=\sqrt{5}$。现在，如果我们平方 z，我们得到 $z^2=3+4i$，其绝对值是 $|z^2|=\sqrt{3^2+4^2}=5$，总结：

$$|z|=\sqrt{5} \text{ 且 } |z^2|=5$$

至少在这个例子中，我们得出 $|z^2|=|z|^2$。

如果你愿意，最开始可以认为 $|z^2|=|z|^2$ 适用于所有复数。之后你可以用复杂的代数研究出来。

一个复数 $x+yi$，其中 x 和 y 都是整数，称为高斯整数。

$|z^2|=|z|^2$ 永远可行吗？当然，对于实数是这样的（例如，$|（-4）^2|=|16|=|-4|^2$），但是验证是否适用于复数则需要一点代数的知识（请看第185页）。

让我们回到创建毕达哥拉斯三元数组的过程。我们从一个复数 $z=x+yi$ 开始，其中 x 和 y 都是整数。其绝对值 $|z|$ 可能不是整数，但它是一个整数的平方根：$\sqrt{x^2+y^2}$。但是，z^2 的绝对值必定是整数：$|z^2|=|z|^2=x^2+y^2$。扩展 z^2 得

$$z^2=(x+yi)\times(x+yi)=(x^2-y^2)+(2xy)i$$

取 $a = x^2 - y^2$，$b = 2xy$，$c = x^2 + y^2$，得出 $|a + bi| = c$，因此 $a^2 + b^2 = c^2$。

最后一个例子：令 $z = 7 + 4i$。其平方等于 $33 + 56i$，其绝对值 $|z^2| = \sqrt{33^2 + 56^2} = \sqrt{1089 + 3136} = \sqrt{4225} = 65$，我们得到另一个毕达哥拉斯三元数组：33，56，65。

我们已经证明这个过程创造了毕达哥拉斯三元数组。我们会很自然地问：每个毕达哥拉斯三元数组都可以这样创建吗？答案是肯定的，但是论证更为复杂，我们建议参考一本关于数论的书来获取更多信息。

费马大定理

我们刚刚考虑了满足毕达哥拉斯定理的三个整数。这个讨论与直角三角形的世界只有微小的联系。我们现在完全抛开几何，并思考 $a^2 + b^2 = c^2$ 关系的扩展。

很容易找到满足关系 $a + b = c$ 的整数 a，b，c 的三元数组。上一节给出了一个找到满足 $a^2 + b^2 = c^2$ 的整数三元数组的方法。我们现在的任务是扩展到更高的指数：我们可以找到满足 $a^3 + b^3 = c^3$ 的整数的三元数组吗？……或者 $a^4 + b^4 = c^4$？……或 $a^5 + b^5 = c^5$，依此类推？

这里有两个关于方程 $a^3 + b^3 = c^3$ 的无趣的整数解：

$$5^3 + 0^3 = 5^3 \text{以及} 5^3 + (-5)^3 = 0^3$$

有趣的挑战是找到三个整数 a，b，c，其中每个符合 $a^3 + b^3 = c^3$ 的整数都不为零。这样的解被称为非平凡的（nontrivial）。

这个问题是皮埃尔·德·费马（Pierre de Fermat）于1637年提出的。费马在一本书的边缘上写道，方程 $a^n + b^n = c^n$ 没有非平凡的整数解。他写下这句名言（原文为拉丁文）：

> 关于此，我确信已发现了一种美妙的证法，可惜这里空白的地方太小，写不下。

由于他的论断，这个结果被称为费马大定理（Fermat's Last Theorem），尽管人们怀疑费马是否真的有证据证明了，但这个问题的解决用了三个多世纪，在20世纪90年代中期由安德鲁·威尔斯（Andrew Wiles）证明了。费马大定理的确是一个定理，正如威尔斯的研究所表明的那样，对于任何指数 $n \geq 3$ 的方程，$a^n + b^n = c^n$ 都没有非平凡的解。

这则逸事在数学界是一个神圣的神话，许多书籍和文章都对此有过记述。费马有证据吗？这是令人怀疑的。一个更有趣的问题：费马相信他有证据还是他在开玩笑？我更喜欢后一个解释。

在巴斯卡拉图中，小正方形的面积是 $(b-a)^2$。由此得出等式

$$c^2 = (b-a)^2 + 2ab$$

注意 $(b-a)^2 = a^2 + b^2 - 2ab$，所以这个方程变成

$$c^2 = (a2 + b^2 - 2ab) + 2ab = a^2 + b^2$$

加菲尔德证明，梯形的面积是

$$\frac{1}{2}(a+b)(a+b)=\frac{1}{2}a^2+ab+\frac{1}{2}b^2$$

而这些部分的总面积是 $ab+\frac{1}{2}c^2$（ab 为两个原始的直角三角形的直角边，$\frac{1}{2}c^2$ 为另一个直角三角形的直角边）。设定这些相等得出

$$\frac{1}{2}a^2+ab+\frac{1}{2}b^2=\frac{1}{2}c^2+ab$$

两边的 ab 抵消，然后乘 2，得 $a^2+b^2=c^2$。

证明： $|\mathbf{z}^2|=|\mathbf{z}|^2$

策略是考虑复数 $z=x+yi$，然后求出 $|z^2|=|z|^2$；幸运的是，它们都是相等的。

我们从 $|z|^2$ 开始。记住 $|x+yi|=\sqrt{x^2+y^2}$。

因此

$$|z|^2=\left(\sqrt{x^2+y^2}\right)^2=x^2+y^2$$

接下来我们计算 z^2

$$z^2=(x+yi)\times(x+yi)=(x^2-y^2)+(2xy)i$$

最后，我们计算 $|z^2|$

$$\begin{aligned}
|z|^2 &= \big|\,(x^2-y^2)+(2\mathrm{xy})i\,\big| = \sqrt{(x^2-y^2)^2+(2xy)^2}\\
&= \sqrt{(x^4-2x^2y^2+y^4)+4x^2y^2}\\
&= \sqrt{x^4+2x^2y^2+y^4}\\
&= \sqrt{\left(x^2+y^2\right)2}\\
&= x^2+y^2
\end{aligned}$$

注意，$|z|^2$ 和 $|z^2|$ 都等于 x^2+y^2，因此它们是相等的。这完成了对于复数 z 的 $|z^2|=|z|^2$ 的证明。

难题的答案： 一个复数的绝对值等于它到原点的距离。所以这些数字形成一个以原点 $0+0i$ 为中心的半径为 1 的圆。

15. 圆

数学家对圆和圆盘加以区分，圆是指那一条曲线，圆盘是指那条曲线及其内部的填充区域。

圆是优雅和美丽的。这一章是关于圆这一基本的几何对象的一些有趣事实的集合。

一个确切的定义

数学家不使用模糊的定义，我们需要精确！平面上到定点的距离等于定长的所有点组成的图形叫作圆。让我们拿这一点开个玩笑。

首先，一个圆只是点的集合。当然，并非所有点的集合都会形成一个圆。只有那些特别的点。哪些呢？圆是由两个输入信息确定的一组点：一个正数r和一个点X。这两个输入信息确定的圆是距离X的距离为r处的点。点X当然是已知的，数字r是半径。

在画出的圆中（纸上的墨水或屏幕上的像素），一个圆有一定的厚度（否则它将是不可见的），但数学意义上的圆绝对地细。

圆是球体的近亲，后者指三维空间中到定点

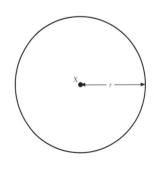

的距离等于定长的点的集合。注意两者的定义几乎是一样的，唯一的区别是圆被限制在平面里。

一个方程式

平面上的点可以由x，y坐标确定。当我们给出一个关于变量x和y的方程式时，满足该方程式的一组点通常决定一条曲线。

例如，可以满足方程式$x^2+y^2=1$的是一些，但当然不是所有的平面上的点。例如，（1，0）满足这个方程，因为$1^2+0^2=1$。同样，点($\frac{3}{5}$，$\frac{4}{5}$)也满足这个方程，原因如下：

$$\left(\frac{3}{5}\right)^2+\left(\frac{4}{5}\right)^2=\frac{9}{25}+\frac{16}{25}=\frac{25}{25}=1$$

另一方面，点($\frac{1}{2}$，$\frac{1}{2}$)不能满足该方程式，因为

$$\left(\frac{1}{2}\right)^2+\left(\frac{1}{2}\right)^2=\frac{1}{4}+\frac{1}{4}=\frac{1}{2}\neq1$$

哪些点满足$x^2+y^2=1$呢？这正是以（0，0）为圆心，半径为1的圆。

为什么？考虑一个点（x，y）。从（x，y）到横轴绘制一条垂直线段，然后从线段末端到原点（0，0）绘制一条线段，最后再返回到（x，y）绘制出第三条线段，如右图所示。这个直角三

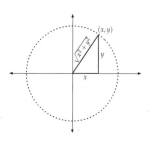

角形的直角边长度是x和y，因此根据毕达哥拉斯定理（见第14章），斜边长度是$\sqrt{x^2+y^2}$。这是从点(x, y)到原点$(0, 0)$的距离。

我们只需要距离原点距离为1的那些点，那意味着我们要求

$$\sqrt{x^2+y^2}=1$$

将两边平方得$x^2+y^2=1$！

简单来说，以坐标(a, b)为圆心且半径为r的圆用方程式表示为：

$$(x-a)^2+(y-b)^2=r^2$$

内接三角形

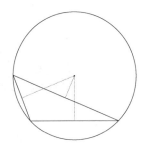

任意两个不同的点确定一条直线，但任意三个点却可能不在一条直线上。在那种情况下，我们不能画出一条经过这三个点的直线，但是，确切地说，有一个圆能经过这三个点。我们在第13章中对此进行了解释：对于任意一个三角形，每一边的三条垂直平分线的交点落在三角形的外心处。这一点与三角形的三个角等距，所以我们可以以这个点为圆心画出一个经过三角形各顶点的圆。

我们可能会问一个问题：三角形如何成为一个半圆的内接三角形？换句话说，我们希望三角

形的三边之一是圆的直径。

有一个漂亮的答案：当且仅当其中一个角是90°（换句话说，一个直角三角形）时，三角形是这个半圆的内接三角形。

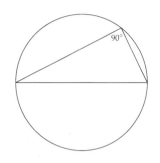

托勒密定理

选择四个点ABCD，依次排列在一个圆上。这四点确定了六个距离：四边形的边长|AB|，|BC|，|CD|和|AD|以及两条对角线d_1和d_2的长度，如右图。

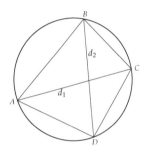

托勒密定理确定了这六个量之间的代数关系：

$$d_1 \times d_2 = |AB| \times |CD| + |BC| \times |AD|$$

更重要的是，假设我们有一个四边形的边和对角线满足这个代数关系，则这个四边形的四角共圆。

填充

圆与圆之间可以铺得多么紧密？我们假设所有的圆都有相同的半径（比如说半径为1），我们想把尽可能多的圆填充进一个大的平面里。（想象一下，我们想把一层罐头放进一个巨大的托盘里。）

一个想法是把它们排列成一个棋盘状的图案，这样每个圆就会紧靠着另外四个圆，就像下图这样：

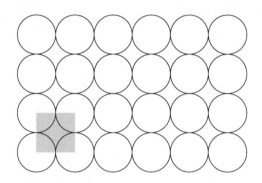

这种填充的效率如何？一种判断的方法是测量这种图案所覆盖的平面部分的比率。

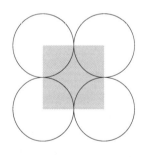

仔细观察以正方形四个角为圆心的四个圆。由于圆的半径为1，用阴影显示的正方形尺寸为2×2，所以其面积为4。正方形没有被四个圆完全覆盖。这四个圆中的每一个都覆盖了其面积的四分之一，所以四个圆所覆盖的面积的总和就是一个整圆覆盖的面积。因为半径等于1，该面积是π。

也就是说，正方形的覆盖比率是$\dfrac{\pi}{4} \approx 0.785$。由于这种图案可以在所有方向上重复以至完全覆盖整个平面，我们得出这种填充方式覆盖了78.5%的平面。

不错，但我们可以做得更好。与将圆的圆心排列成正方形不同，让我们把它们排列成六边形，如下图所示：

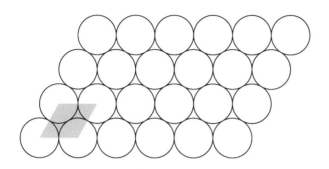

这种填充方式覆盖了超过90%的平面。我们把它作为一道几何题留给你，请算出确切的数量；答案在第197页。

将圆排列成六边形填充平面的方式是已知最为密集的方式。

我们会很自然地问：在三维空间里会发生什么？这个答案——或许很早以前就已被人知晓——17世纪初约翰尼斯·开普勒（Johannes Kepler）对此正式进行了陈述。开普勒声称，最为密集的球体的填充方式是将它们组成六边形（如本页中所示）然后一层层地堆叠在一起，这样球体便能尽可能紧密地靠在一起。这种排列填充了74%的空间。

难点是要证明其他的球体填充方式的密度都不如六边形堆积更密。虽然二维空间里的情况已经获得确认，但求证开普勒猜想在近400年中被证明是困难的。在20世纪90年代，托马斯·黑尔斯（Thomas Hales）宣布得出了一个将分析推理与大量计算相结合的非凡论证。黑尔斯的论证经过专家的仔细验证，被普遍认为是正确的。

现在我们要用相同的球填充一个大盒子，而不是把罐子放在一个平坦的托盘上。要想弄明白填充最为密集的方式，可以在当地的杂货店寻找摆成金字塔状的橘子。

开普勒球体填充的精确密度是$\dfrac{\pi}{\sqrt[3]{2}}$。

相切的圆

如果画三个彼此相切的圆，则中间有一个小的空间，可以放置第四个圆，与三个大圆相切。通过这种方式，可以创建四个相切的圆的排列，如下所示：

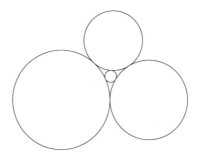

四个圆之间的大小有什么关系？或者，换一种问法，如果我们知道三个圆的半径，可以用这个信息计算出第四个圆的半径吗？

这正是笛卡尔（Descartes）曾经思考过的问题，他在17世纪初提出了一个解决方法。为了以最简单的方式呈现笛卡尔的方法，我们将一个圆的曲率（curvature）简单地定义为它的半径的倒数。换句话说，半径为2的圆的曲率等于$\frac{1}{2}$。

以下是笛卡尔的解决方案。如果四个相切圆的曲率为k_1，k_2，k_3和k_4，那么这些数字必定满足以下等式：

$$k_1{}^2 + k_2{}^2 + k_3{}^2 + k_4{}^2 = \frac{(k_1 + k_2 + k_3 + k_4)^2}{2} \qquad (*)$$

例如，如果三个大圆的半径和曲率都等于1，且内部的小圆的曲率为c，则方程（*）得

$$3 + c^2 = \frac{(3+c)^2}{2} \qquad (**)$$

解这个二次方程得$c = 3 \pm 2\sqrt{3}$。

从数值上说，即

$$c = 3 + 2\sqrt{3} \approx 6.464，且 c = 3 - 2\sqrt{3} \approx -0.464$$

负值不适用（圆怎么能有负的半径/曲率呢？），所以我们知道小圆的曲率约为6.464，因此它的半径为$\frac{1}{c} \approx 0.1547$。

还有另一种方法可以让圆相切。还是从三个彼此相切的圆开始，这回不是在它们之间的空隙插入一个小圆，而是画一个从外面与它们相接的大圆，如下所示：

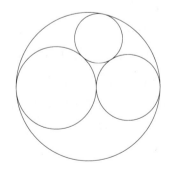

令人高兴的是，笛卡尔的解决方案同样行得通。窍门在于设想大圆的半径或曲率为负！

例如，如果我们从半径/曲率等于1的两两互

切的三个圆开始，设 c 是恰好外接于它们的更大圆的曲率。将 $k_1 = k_2 = k_3 = 1$ 和 $k_4 = c$ 代入方程（*），再次得到具有相同两个解的方程（**）：

$$c = 3 + 2\sqrt{3} \approx 6.464，且 c = 3 - 2\sqrt{3} \approx -0.464$$

然而这一次，负值的解是有意义的，并告诉我们外接圆的半径约为 $\dfrac{1}{0.464}$，即2.1547。

换句话说，不论我们探求的是容纳在三个圆里面的小圆还是外接于它们的大圆，笛卡尔的方法都是适用的。我们简单地提供三个原始圆的曲率（作为正数）并求解第四个曲率。得出的正值的解是小圆的曲率，负值的解是大圆的曲率。

我们所做的是使用正半径/正曲率来表示圆外切，而负半径/负曲率表示圆内切。这引出了一个问题：零曲率（zero curvature）表示的是什么？正如词语本身所暗示的那样，一个曲率为零的"圆"就是一条直线。

笛卡尔的解决方法在20世纪30年代被弗雷德里克·索迪（Frederick Sooldy）重新发现，他为解决方案的优雅而感到震惊，于是写了一首题为《精准的吻》（The Kiss Precise）的诗歌进行赞美。在这首诗的第二段中，我们在韵律中找到了笛卡尔公式（*）：

四个接吻圈来了。

较小的是曲率的。

曲率正好相反

距离中心的距离。
虽然他们的阴谋离开了欧几里得愚蠢的
现在不需要经验法则。
由于零点曲率是一条直线
凹弯有负号，
所有四个曲率的平方的总和
是它们的总和的一半。

这里有另一种圆相切的方式。和以前一样，
我们有四个圆，但是这次它们相切的点形成了一
个圆。也就是说，第一个和第二个是相切的，第
二个和第三个是相切的，第三个和第四个是相切
的，然后第四个和第一个是相切的。这样的排列
恰好产生四个相切点，形成了一个连续的圆。

这是一个令人惊讶的结论——这四个相切点
总是位于一个共同的圆上，像下图这样：

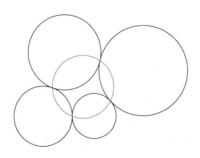

帕斯卡的六边形定理

我们用布莱士·帕斯卡（Blaise Pascal）的研究结果来结束这一章。

把A，B，C，D，E，F六个点放在一个圆上。我们按照以下的方式用线段将它们连接起来，做出一个扭曲的六边形：

$$A \rightarrow D \rightarrow B \rightarrow F \rightarrow C \rightarrow E \rightarrow A$$

当这些线段从圆的一边交叉到另一边时，就形成三个交点。我们称这些点为X，Y和Z。

帕斯卡的六边形定理断言，这三个交点X，Y，Z将总是位于一条直线上！下面是图解：

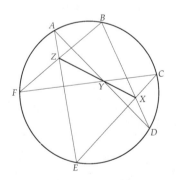

而且，如果这六个点位于椭圆上，帕斯卡的六边形定理同样适用。

六边形圆填充的密度

设圆的半径为1。注意，图中所示的四个圆的圆心位于边长为2的菱形中心。

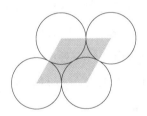

这个菱形可以被看作是粘在一起的两个等边三角形（画一条短对角线）。

边长为2的等边三角形的高度为$\sqrt{3}$。所以这个三角形的面积是

$$\frac{1}{2} \times 底 \times 高 = \frac{1}{2} \times 2 \times \sqrt{3} = \sqrt{3}$$

所以阴影菱形的面积为$2\sqrt{3}$。

现在看看四个圆的阴影部分。两个阴影为圆的六分之一，另外两个的阴影为三分之一。所有的阴影区域加在一起相当于一个整圆。由于我们假定圆的半径为1，那么总面积就是π。

现在可以看出，圆所覆盖的菱形部分的比率是

$$\frac{\pi}{2\sqrt{3}}$$

约为90.7%。

这样的等边三角形的高度将三角形切成两个直角三角形，其斜边长度为2，一条直角边长度为1。由毕达哥拉斯定理可得高度的大小。

16. 柏拉图立体

这是一个正七边形，它的边长和内角都相等。

问题：一个正七边形的内角都相等，那么角度为多少？提示：记住三角形的内角之和为180°。答案在第215页。

等边三角形是由三条等长线段组成的三边形，其三个内角均为60°。正方形是由四条等长线段组成的四边形，四个内角均为90°。这些都是正多边形：以相等长度的线段为边界，线段相交形成的内角都相同。左边这个图形是一个正七边形（7–gon）。停车标志的形状是一个正八边形（8–gon）。

只需思考一下就可以想出正多边形有无限多的类型：正n边形指具有n（正整数n≥3）条相同边长的正多边形。

多边形是在平面里绘制的图形。如果在三维空间中绘制，会产生类似的情况吗？

多面体

多边形在三维空间中的扩展被称为多面体。多面体是立体图形，每个面都是多边形。其中人们较为熟悉的多面体是三棱柱和正四棱锥。三棱

柱由三个矩形和两个三角形组成。正四棱锥由四
个三角形和一个正方形组成。

我们如何将正多边形的概念归纳到三维图形
中呢？正多边形具有全等的边和角。

如果扩展到三维图形则要求多面体的所有
"部分"全等。也就是说，我们要求：

- 多面体的所有边全等，
- 两条边相交形成的所有角全等，
- 在每个顶点（角）相交的边的数目相同，
- 且由同一条边连接的两个面之间形成的角
  全等。

前两条要求意味着正多面体的面是全等的正
多边形。

也许最著名的正多面体是立方体，它由六个
面组成，每个面都是正四边形（正方形）。除了
立方体外，下图还显示了其余四种正多面体。

长度相同的线段或大小相
同的角被称为全等。全等
的概念可以适用于线段和
角度之外，任何两个形状
完全相同的图形都可以被
认为是全等的。

立方体　　　正四面体　　　正八面体　　　正十二面体　　　正二十面体

- 正四面体由四个等边三角形组成。
- 正八面体由八个等边三角形组成。
  （想象粘在一起的两个正四棱锥。）
- 正十二面体由十二个正五边形组成

• 正二十面体由二十个等边三角形组成。

下图为正多面体的平面展开图。你可以尝试临摹这些图形，将它们剪下按线条折叠起来，并粘在一起做成纸模型。这样的材料包也可以买到。

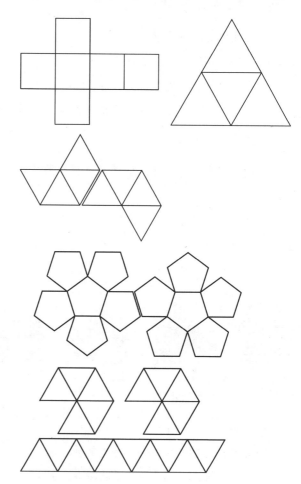

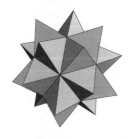

星状二十面体

第199页中的五种正多面体被称为柏拉图立体（Platonic solids）。还有其他种类的正多面体吗？右图显示了一个星状二十面体（stellated icosahedron），它的每个面都是等边三角形，但它不是一个正多面体，因为面与面之间的角度并不完全相等，并且在顶点相交的边的数量是不同的（最外侧的角连接了三条边而里面的角连接了十条边）。

帮助我们寻找更多的正多面体的是一个有趣的公式，它归功于欧拉（我们在第7章中介绍过）。

欧拉的多面体公式

一个多边形的顶点（角）的数量与边的数量一样多。多面体的情况较为复杂，因为它们由顶点、边和面组成。下面这个图表显示了我们目前为止所考虑的所有多面体的组成部分的统计：

多面体	顶点	边	面
三棱柱	6	9	5
正四棱锥	5	8	5
立方体	8	12	6
正四面体	4	6	4
正八面体	6	12	8
正十二面体	20	30	12
正二十面体	12	30	20
星状二十面体	32	90	60

仔细观察这张图表，看看是否可以发现多面体的顶点、边和面的数目之间存在某种关系。

当你在这个图表中寻找规律时，你可能注意到立方体和八面体的数据是相反的：（8，12，6）与（6，12，8）。对于十二面体/二十面体来说，也存在相同的现象：（20，30，12）与（12，30，20）。这种逆转源于一种被称为对偶（duality）的现象。

如果在立方体六个面中的每一个面的中心取一个点，然后将同一条边连接的面上的点相连，则立方体内会出现一个较小的多面体：它是一个正八面体。相反，如果在正八面体的每个三角形面的中心取一个点并连接这些点，则会形成一个立方体。正二十面体和正十二面体也存在同样的对偶。

答案在下面，但如果你能自己偶然发现这个方程式，那会更有趣。使用变量V，E和F分别表示顶点、边和面的数量。

———————————————

当你考虑V，E和F之间的关系时，让我们暂停查看表中的条目。对于一个简单的立体，如正四棱锥，计量各部分的数目并不难。有五个顶点（围绕着底面的四个和在顶点的一个），八条边（底面的四条和通往顶角的四条），五个面（四个三角形和一个正方形）。四面体和棱柱很容易核对。立方体不是太具有挑战性，因为它是我们十分熟悉的形状，有八个顶点（顶部四个，底部四个）、十二条边（顶部四条，底部四条，垂直四条）和六个面（我们都玩过骰子）。

其他多面体大多难以可视化，将它们压平会有所帮助：假设多面体是空心的，我们用剪刀剪掉其中一个面；然后，我们将这张空的面张开，直到立体被压扁。结果如下图所示：

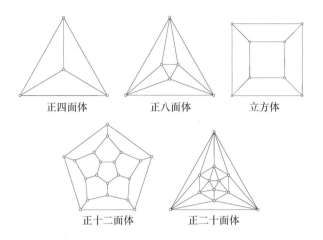

正四面体　　　正八面体　　　立方体

正十二面体　　　正二十面体

我们从正八面体开始吧。从图中可以很容易地看出$V=6$。计算面的数目，很容易得出7这个错误的答案，但是记住，在我们压扁之前剪掉了一个面，所以$F=8$。

下面是计算边数更容易的一个技巧。对于图中的每个顶点，在与每一条边相交的每个角的旁边做一个标记，如下所示：

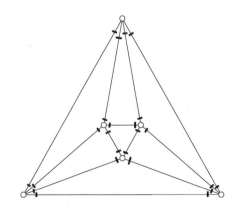

我们做了多少个标记？由于每个顶点有四

条边相交，所以标记的数量是顶点数量的四倍：$4 \times V = 4 \times 6 = 24$。另一方面，每条边都有两个标记，所以标记的数量是 $2 \times E$，所以 E 肯定是12。

让我们将同样的思路用于正二十面体上。看着平面图，我们看到在最外面的角有三个顶点，另外有六个，它们组成一个六边形，然后位于中心有三个，得 $V = 3 + 6 + 3 = 12$。计算面，最外面的顶点形成了9个三角形，五边形内有9个三角形，最里面还有一个，得 $9 + 9 + 1 = 19$，但是还有我们剪掉的一个，因此 $F = 20$。最后，为了计算边数，我们使用了与之前相同的"标记技巧"。如果我们在每个顶点旁的边上做标记，我们将总共标注 $5 \times 12 = 60$ 个标记：在十二个顶点的每一个顶点旁有五个。按照这种方式，每条边上都有两个标记，我们得出 $E = 30$。

现在是时候让我们揭示欧拉首先推导出来的并且（我们希望）由你发现的关于多边形的顶点数 V，边 E 和面 F 的有趣关系了。

注意，顶点与面的数量之和 $V + F$ 总是比边的数量大2。例如，对于立方体，$V = 8$ 且 $F = 6$，$V + F = 14$，比 $E = 12$ 大2。我们可以把这个关系写成 $V + F = E + 2$，但欧拉公式按照传统已经写为：

$$V-E+F=2 \qquad （A）$$

让我们看看它的原理。

我们首先将多面体平面压成平面，去掉一个面后展平。由于被去除的面对应的是围绕整个图形的范围，因此平面图中的面的数量正好等于面的数量F，所有其他面对应的是有限范围。这个图中的顶点、边和面的数量分别是V，E和F。代数表达式$V-E+F$得出了某个数值；我必须说服你，这是2。

为了说服你相信$V-E+F=2$，我开始擦除一条边。顶点、边和面的数量会发生什么变化？顶点的数量不会改变——我所做的只是擦除了一条边。当然，边的数目减少了1。面的数量会发生怎样的变化？正如你在图片中看到的那样，位于这一条边两侧的两个面结合形成了一个单一的面，所以面的数量也减少了1。如果新图的顶点、边和面分别为V'，E'和F'，则这些变化后的数量与变化前的数量关系为：

多面体的平面展开是一种图的范例——网络数学抽象。

$$V'=V, \ E'=E-1, \ F'=F-1$$

那么$V'-E'+F'=V-（E-1）+（F-1）$ $=V-E+F$。如果我能说服你$V'-E'+F'=2$，那么我就证明了$V-E+F=2$。

下面是策略：

我将继续擦去图中的边线。我每擦除一次，都会失去一条边，也会失去一个面（因为两个面

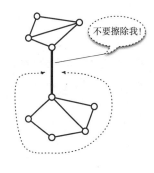

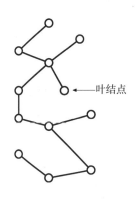

叶结点

相结合）。但是我需要谨慎，因为当我擦除边线时，可能会遇到一种情况，可能会擦掉边线两边是同一区域的边界部分（左图中的粗线）。这样的边不会是图中某个圈的一部分，因为这个圈会将该平面分成边内部区域和外部区域。所以只要这些边是一圈边的一条，我就可以安全地将它们擦除。每次我都把边的数量和面的数量减1，所以 $V-E+F$ 的值（不管它是什么）不会因为这样的擦除而变化。

最终我会得出图中没有完整的圈。所有的区域都合并为一个（所以在这个时候，$F=1$），再没有任何边可以被"安全地"擦除。（见左图）我们现在切换到寻找和消灭任务的第二阶段。

图中现在没有完整的圈。选取一个顶点，任意一个顶点，并从该起始位置开始沿着边和顶点的路径前行。由于没有圈，这条路径不能再回到先前所在的顶点。但是这条道路也不会永远没有尽头（只有有限的顶点）。所以路径必定最终被"卡在"一个顶点处，这个顶点是单独一条边的终点。这样的顶点叫作叶结点。我们下一步要删除一个叶结点和与它相连的边。$V-E+F$ 的值会发生什么变化？顶点的数量减1（我们删除的叶结点），边的数量减1（与该顶点连接的边），面的数量不变（仍然是1）。用 V'，E'，F' 代表删除顶点和边后的数量，得

$$V'=V-1, \ E'=E-1, \ F'=F=1$$

因此$V'-E'+F'=(V-1)-(E-1)+F=V-E+F$。在叶结点/边删除之前，无论$V-E+F$的值是多少，新的数值不变。

从图中删除了一个叶结点和边之后，我们留下了一个没有圈的新图。所以我们找到另一个叶结点，删除它以及和它相连的边，然后不断重复。我们持续删除，直到图中只剩下一个顶点。每删除一次顶点和叶结点，$V-E+F$的值保持不变。

总结：我们把多面体变得平展。我们删除一个圈中的一条，直到不再有循环。虽然数字V，E或F可能会改变，但$V-E+F$的数值不会。当所有循环消失后，我们不断寻找一个叶结点和与它相连的边，直到整个图缩减为只剩一个顶点。同样，尽管个别值V，E和F可能改变，但是$V-E+F$的值不变。在最后，我们有一个单一的顶点，没有边和单个区域（单一顶点周围的无限区域）。也就是说，最后我们得$V=1$，$E=0$和$F=1$。有了这些数字，得$V-E+F=2$。由于删除不影响$V-E+F$的整体值，最开始的图必定服从关系$V-E+F=2$。欧拉多面体公式（A）的证明完成了！

只有这些吗？

我们介绍了五个正多面体：四面体、立方体、八面体、十二面体和二十面体这五个柏拉图立体。在公式（A）的帮助下，我们将证明只存在这五个柏拉图立体，没有更多。

我们将用五个数字来描述正多面体。前三个是已经熟悉的 V, E 和 F，分别是顶点、边和面的数量。正多面体的每一面都是正多边形，我们将用 n 代表每个面上的边数。投射在正多面体顶点的边数在每个顶点都是相同的，我们将用 r 代表这个数字。

下面是五个数字的概要，以便参考。

V: 顶点的数量

E: 边数

F: 面的数量

n: 围绕一个面的边数

r: 在一个顶点相交的边数

以下是五个柏拉图立体的数据：

多面体	V	E	F	n	r
四面体	4	6	4	3	3
立方体	8	12	6	4	3
八面体	6	12	8	3	4
十二面体	20	30	12	5	3
二十面体	12	30	20	3	5

现在我们找出这些数量之间的一些代数关系。第一，是欧拉公式，我们在这里做一下复习：

$$V - E + F = 2 \qquad\qquad (A)$$

第二，我们用标记技巧找出 E，V 和 r 之间的关系。我们在每个边靠近末端的位置做一个小标记。这样，每条边都有两个标记（每一端都有一个），所以标记数量是 $2E$。另一方面，我们在每个V顶点旁做r个标记，因此我们做了rV个标记。由于这些都是正确的标记数量，它们必定相等：

$$2E = rV \qquad （B）$$

第三，我们再次使用标记技巧，但是这次来自面。也就是说，我们围绕每一个面，并在它周围的边上做标记。和以前一样，每条边都有两个标记（每端一个）。一方面，标记的数量是$2E$（因为每个边都有两个），但是另一方面，标记的数量是nF（每个F面有n个）。因此：

$$2E = nF \qquad （C）$$

我们来检验十二面体的方程（A），（B）和（C）：

$$V-E+F = 20-30+12 = 2 \qquad （A）$$
$$2E = 2\times30 = 60 = 3\times20 = rV, \text{且（B）}$$
$$2E = 2\times30 = 60 = 5\times12 = nF \qquad （C）$$

从（B）得$V=\dfrac{2E}{r}$，从（C）得$F=\dfrac{2E}{n}$。把这些代入（A）得

$$V-E+F = 2$$

$$\frac{2E}{r} - E + \frac{2E}{n} = 2 \qquad \text{代入}$$

$$\frac{1}{r} - \frac{1}{2} + \frac{1}{n} = \frac{1}{E} \qquad \text{除以}2E$$

$$\frac{1}{r} + \frac{1}{n} = \frac{1}{2} + \frac{1}{E} \qquad \text{加}\frac{1}{2} \quad \leftarrow \text{我们之后会用到这个方程}$$

因 $\dfrac{1}{2} + \dfrac{1}{E} > \dfrac{1}{2}$ 我们得出

$$\frac{1}{r} + \frac{1}{n} > \frac{1}{2} \qquad\qquad (\text{D})$$

关系式（D）意味着 r 和 n 不能太大。例如，我们不能令 $r = n = 5$，因为那样的话 $\dfrac{1}{r} + \dfrac{1}{n} = \dfrac{1}{5} + \dfrac{1}{5} = \dfrac{2}{5}$，不能大于 $\dfrac{1}{2}$。我们来计算 r 和 n 的可能值。

首先注意，n 和 r 必须至少为 3。面是 n 面，最小的多边形是三角形，因此 $n \geq 3$。多面体是一个立体，如果 $r = 2$，那么在一个顶点只能有两个边与之相连。我们至少需要 $r \geq 3$ 才能使这个形状具有厚度。

现在我们来看看 n 的可能值。

- $n=3$。由（D），$\dfrac{1}{3} + \dfrac{1}{r} > \dfrac{1}{2}$。两边减 $\dfrac{1}{3}$ 得 $\dfrac{1}{r} > \dfrac{1}{2} - \dfrac{1}{3} = \dfrac{1}{6}$，这意味着 $r < 6$。

  所以如果 $n = 3$，r 的唯一可能的值是 3，4 和 5。

- $n=4$。由（D），$\dfrac{1}{4} + \dfrac{1}{r} > \dfrac{1}{2}$，导出 $\dfrac{1}{r} > \dfrac{1}{4}$ 或者 $r < 4$。在这种情况下 r 的唯一可能值是 3。

- $n=5$。由（D），$\dfrac{1}{5} + \dfrac{1}{r} > \dfrac{1}{2}$，得 $\dfrac{1}{r} > \dfrac{1}{2} - \dfrac{1}{5}$ $= \dfrac{3}{10}$，因此 $< \dfrac{10}{3} = \dfrac{1}{3}$。这意味着 $r = 3$。

- 最后，$n \geq 6$，所以 $\dfrac{1}{n} \leq \dfrac{1}{6}$。由（D），$\dfrac{1}{n} + \dfrac{1}{r}$

$>\dfrac{1}{2}$，得 $\dfrac{1}{r}>\dfrac{1}{2}-\dfrac{1}{6}=\dfrac{1}{3}$。这意味着 $r<3$，这是不可能的。因此，n 不能大于或等于6。

总而言之，这对值（n，r）只有五种可能性：

（3，3），（3，4），（3，5），（4，3），（5，3）。

给定 n 和 r 的值，我们可以计算 E 的值（使用方程 $\dfrac{1}{r}+\dfrac{1}{n}=\dfrac{1}{2}+\dfrac{1}{E}$），然后我们可以使用方程（B）和（C）推导出 V。以下是五种情况下的计算结果：

- （n，r）=（3，3）：由 $\dfrac{1}{r}+\dfrac{1}{n}=\dfrac{1}{2}+\dfrac{1}{E}$ 得

  $\dfrac{1}{3}+\dfrac{1}{3}=\dfrac{1}{2}+\dfrac{1}{E}$，得 $\dfrac{1}{E}=\dfrac{2}{3}-\dfrac{1}{2}=\dfrac{1}{6}$，因此 $E=6$。

  由（B），$2E=rV$，得 $12=3V$，因此 $V=4$。

  由（C），$2E=nF$，得 $12=3F$，因此 $V=4$。

  结论：（n，r）=（3，3）导出（V，E，F）=（4，6，4），将 $F=4$ 个等边三角形（$n=3$）组成一个立体的唯一方法是形成四面体。

- （n，r）=（3，4）：由 $\dfrac{1}{r}+\dfrac{1}{n}=\dfrac{1}{2}+\dfrac{1}{E}$ 得

  $\dfrac{1}{3}+\dfrac{1}{4}=\dfrac{1}{2}+\dfrac{2}{E}$，因此 $\dfrac{1}{E}=\dfrac{1}{3}+\dfrac{1}{4}-\dfrac{1}{2}=\dfrac{1}{12}$ 得

  $E=12$。

由（B），$2E=rV$，得$24=4V$，因此$V=6$。

由（C），$2E=nF$，得$24=3F$，因此$F=8$。

结论：$(n, r)=(3, 4)$导出$(V, E, F)=(6, 12, 8)$，将$F=8$个等边三角形（$n=3$）组成一个立体（在每个角都相连$r=4$个三角形）的唯一方法是形成八面体。

- $(n, r)=(4, 3)$。计算结果几乎与$(3, 4)$的情况相同，得$(V, E, F)=(8, 12, 6)$，将$F=6$个正方形（$n=4$）组成一个立体，令在每个角相交的边数$r=3$的唯一方法是形成立方体。

- $(n, r)=(3, 5)$。由$\frac{1}{r}+\frac{1}{n}=\frac{1}{2}+\frac{1}{E}$得$\frac{1}{3}+\frac{1}{5}=\frac{1}{2}+\frac{1}{E}$，因此$\frac{1}{E}=\frac{1}{3}+\frac{1}{5}-\frac{1}{2}=\frac{1}{30}$得$E=30$。

  由（B），$2E=rV$，得$60=5V$，因此$V=12$。

  由（C），$2E=nF$，得$60=3F$，因此$F=20$。

  结论：$(n, r)=(3, 5)$导出$(V, E, F)=(12, 30, 20)$，将$F=20$个等边三角形（$n=3$）组成立体，令在每个角相交的边数$r=5$的唯一方法是形成二十面体。

- $(n, r)=(5, 3)$。计算与$(3, 5)$的情况几乎相同，得出$(V, E, F)=(20, 30, 12)$，将$F=12$个正五边形组成一个在每个角有三条边相交的立体是十二面体。

得益于欧拉的非凡公式和一些代数，我们证明了五种柏拉图立体是仅有的正多面体！

阿基米德多面体

正多面体的面都必须是相同的正多边形，但是如果我们放松这种限制，就会出现新的多面体类型。我们仍然要求面是正多边形，但我们允许混合不同类型的多边形。与此同时，我们强加了一个对称性要求，即多面体在每个顶点看起来"相同"。我们称这样的多面体是半正多面体。

例如，我们可以用两个等边三角形和四个正方形组成一个棱柱。棱柱的每个角看起来都完全一样：它是两个正方形和一个三角形的连接点。

我们可以制作其他形状的棱柱。例如，我们可以用五个正方形连接两个平行的正五边形。这样，就得到了一族的无数个半正多面体。

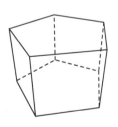

还有另一个无限的家族：取两个相互平行的正n边形（例如五边形），但是将其中一个旋转到另一个的一半处，将一个上面的点连接到另一个上面的点上，形成一圈以z字形排列的三角形；如果我们将两层之间的距离调整得恰到好处，这些三角形将是等边的，以这种方式形成的多面体被称为反棱柱（antiprisms）。

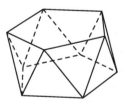

柏拉图式立体之一是棱柱（见右图），另一个是反棱柱。你能区分它们吗？答案在第215页。

棱柱、反棱柱和柏拉图立体不是仅有的半正多面体。此外，还有十三个阿基米德多面体（Archimedian solids）。这些多面体的完整记录可以在别处找到，这里我们只介绍一个最喜爱的。如果沿着二十面体的一个角切下，横截面将是正五边形，因为在每个顶点处有五个三角形相连。如果我们沿所有十二个角切下，那么这二十个三角形的面就变成了六边形。如果切割到一个精确的深度，那么这些六边形的边长将是相等的。结果是一个截角二十面体（truncated icosahedron）。如果我们用结实的面料做出这个二十面体的物理模型，把六边形涂成白色，把五边形涂成黑色，然后充气，结果便是我们熟悉的足球！

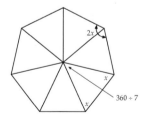

第198页问题的答案：正七边形的各边相交形成的是 $128\frac{4}{7}$°的角。原因如下：将正七边形分割成相交于中心一点的七个等腰三角形，这些等腰三角形的顶角大小为360°÷7=$51\frac{3}{7}$°。

设 x 是等腰三角形的底角，得 $x+x+51\frac{3}{7}$°=180°。解出 x=$64\frac{2}{7}$°；正七边形的角为底角的两倍，因此是 $128\frac{4}{7}$°。

下面是另一种思路：一个 n 边形的各角之是 $180(n-2)$°，在正 n 边形的情况下，所有的角是相同的，所以每个角的大小为 $\frac{180(n-2)}{n}$°；将 n=7代入得 $180° \times \frac{5}{7} = \frac{900}{7}$° = $128\frac{4}{7}$°。

柏拉图式棱柱/反棱柱：立方体是由两个正方形构成的棱柱，八面体是由两个正三角形构成的反棱柱。

17. 分形

我们在几何分类中遇到的形状是十分简单的。它们有干净、锋利的边缘。线段是完美的直线，圆是精致的环形。从太空中看，地球似乎是我们见过的最光滑的大理石，但近距离看，则是另一番风景。崎岖的山峰耸立在涟漪状的沙丘和波浪起伏的海洋上。河流蜿蜒曲折，枝繁叶茂的树木林立在两旁。如果我们要求艺术家表现一个只有线段和圆弧的自然场景，最符合我们期待的是一幅充满灵感的抽象作品。

自然界中的形状往往有着粗糙或不规则的边缘。云或烈火的"形状"是什么？《几何原本》（*Elements*）对此无法解答。我们需要一个不同类型的形状概念，用于描述我们所处的这个琐碎而不规则的世界。

谢尔宾斯基三角形

我们从一个食谱开始。

我们需要一块面团和几把非常锋利的刀子。我们也将雇用一大堆厨师。

这块面团是一个完美的等边三角形。

主厨小心翼翼地切下（并丢弃）由三边中点连线形成的等边三角形。该过程如右图所示。

剩下的是三个等边三角形——尺寸是原始三角形的一半——角对角的排列。

现在，主厨召集三位副主厨，并命令他们像她一样做：切掉三个小三角形的中间部分。由此产生的面团由九个四分之一大小的三角形组成。

当然，副主厨们希望有一天能成为主厨，所以每个副主厨召集了三位厨师在四分之一的三角形上重复这个过程。

这个过程还在继续。每位厨师都将自己的那部分三角形交给三位级别更低的厨师，并要求他们仔细切除三角形的中间部分。步骤如下图所示：

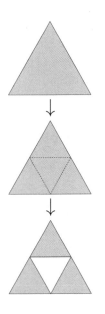

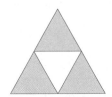   

随着授权和切除的过程的重复，无数下属愉快地不断切割着。最后——无论过程如何！——我们创造出了谢尔宾斯基三角形（Sierpinski's triangle），如下图所示：

准确地说，移除过程删除的是三角形的内部；边线不会被移除，最后都会留下。

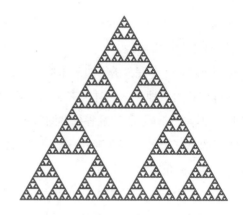

谢尔宾斯基三角形有两个显著的特性，使其被命名为分形（fractal）：它具有自相似性（self-similar）且具有分数维（fractional dimension）。

自相似性的概念比较容易理解。当你观察谢尔宾斯基三角形时，你看到的是三个原尺寸一半大小的三角形。这些三角形中的每一个都由三个较小的（四分之一大小）三角形组成。事实上，如果使用强大的显微镜并放大任意一处微小的区域，你会发现一个和完整图形一模一样的微缩复制品。每个局部和整体都是完全一样的，只不过尺寸更小。

维度之间

欧几里得几何的对象可以根据其维度（dimension）整齐地分类。

线段、圆弧、正方形边界等都是一维的。它

们有长度，但没有面积。螺旋形线圈是一维的，即使它延伸到了三维空间。

当我们考虑这些形状的内部时，矩形、五边形、圆形等是二维的：它们有面积但没有体积。圆柱体的表面是二维的，即使它并不是平放在一个平面里。

而球体、立方体等（当我们考虑它们的内部）是三维的，它们有体积。但是谢尔宾斯基三角形呢？它起始于一个等边三角形，所以它或许是二维的。在这种情况下，它的面积是多少？

为简单起见，假设最初面团的面积为1个单位面积（例如1平方厘米）。虚线将最初的三角形分成四个相同的部分。被丢弃的面团面积为 $\frac{1}{4}$，剩下的面积为原始面积的 $\frac{3}{4}$。

接下来，三位副主厨开始切面团，切除每个 $\frac{1}{4}$ 大小的中间部分。他们的工作移除了剩余面积的 $\frac{1}{4}$；如前所述，这意味着留下的面积是 $\frac{3}{4}$。更低级别的厨师们将每个人得到的剩余部分的 $\frac{1}{4}$ 再次移除，再将面积减少到 $\frac{3}{4}$。换句话说，在 n 轮切割之后，原始面团的剩余量 $\left(\frac{3}{4}\right)^n$。

这个过程重复16次后，99%的面积已被切除。当 n 趋于无穷时，我们发现所有的区域都被消除了，剩下的都是边线，它们不覆盖任何区域。

谢尔宾斯基三角形是一维的吗？

我们试着计算它的长度。

创建谢尔宾斯基三角形的等效方法是从一个空的等边三角形开始。然后，我们增加三条连接三边中点的线段。然后，我们在三个新形成的三角形上重复这个操作，但不在中间那个原始三角形上操作。我们像这样不断重复：

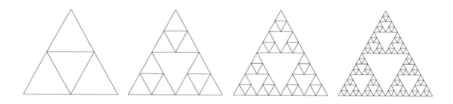

注意：如果等边三角形的边长等于1，则其面积不等于1。我们从一个大小不同的三角形开始，以使计算更清晰。

为了方便起见，我们假设原来的三角形的边都是1个单位长。原始三角形中线段的总长度为3。

插入第一个内部三角形时，三个新的线段每条长度为 $\frac{1}{2}$，因此第一次插入使线段总长度增加了 $\frac{3}{2}$。

在第二步中，我们添加了9条线段（三个三角形中的每一个都有三条边）。每条线段长度都是 $\frac{1}{4}$，增加的长度是 $\frac{9}{4}$。

第三步添加了27条线段（九个三角形中的每一个都有三条边）。这些线段每条长度是 $\frac{1}{8}$，所以这一步增加的长度是 $\frac{27}{8}$。

下一步增加 $\frac{81}{16}$，依此类推。步骤n增加的长

度是 $\left(\dfrac{3}{2}\right)^n$。注意，随着 n 的增长，这个数量会越来越大。

结论：谢尔宾斯基三角形中所有线段的总长度趋于无穷！

谢尔宾斯基三角形的面积为零，长度趋近无限。从这个意义上说，这是一个比一维更"大"而比二维"更小"的对象。但这个描述是不准确的，我们可以更精确。我们将证明其维度等于 $1.5849625007\cdots$，真的。

方格计数

几何图形的维度是其"厚度"的度量。一维对象（如线段）比填充的三角形"薄"，而三角形又比实心球"薄"。让我们看看如何将这个"薄"或"厚"的模糊概念变成数学上精确的数量。

这个思路是在方格纸上绘制图形。或者，更确切地说，我们反复在方格纸上绘制图形，但在随后的每次绘图中，我们使用的网格会越来越小。

让我们用一个简单的曲线来说明这个思路。也就是说，我们在每个格子为 1×1 大小的方格纸上绘制相同的曲线，然后在每个格子为 $\dfrac{1}{2} \times \dfrac{1}{2}$ 大小的方格纸上绘制相同的曲线，然后在格子为

$\frac{1}{4} \times \frac{1}{4}$ 大小的方格纸上绘制相同的曲线，依此类推。结果如下所示：

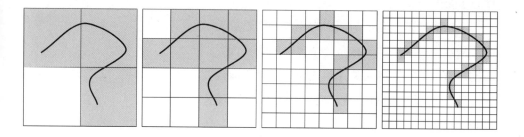

我们已经画出了曲线所接触的方格，我们要数这些格子的数量。结果如下：

方格大小	1	$\frac{1}{2}$	$\frac{1}{4}$	$\frac{1}{8}$
接触的方格数量	3	9	18	33

注意，当我们将方格线之间的间距减半时，我们使曲线所接触的方格的数量大致增加了一倍。原因如下：每个方格都覆盖曲线长度的一部分，当我们把方格的尺寸减半时，我们将需要约两倍数量的方格覆盖同样的曲线。我们可以用下面这样的方程式来表示：

$$N \propto \frac{1}{g} \qquad （A）$$

其中 g 是方格大小，N 是曲线所接触的方格的数量。符号 $\propto$ 表示"成正比例"并隐藏了这种关系的一些不精确性。如果曲线是简单的水平线段，那

么我们可以有一个精确的方程。但是因为曲线有点
扭曲，这种关系非常好，但并不完美。

让我们用一个二维图形重复方格计数的过
程，这个二维图是一个半径为1的圆盘。

我们反复在方格大小为 1×1，$\frac{1}{2} \times \frac{1}{2}$，$\frac{1}{4} \times \frac{1}{4}$
等的方格纸上绘制圆盘。我们每次将圆盘接触的
方格涂上阴影，包括接触圆盘圆形边界的方格以
及圆盘内部的所有方格。

在方格大小为 1×1 的方格纸上，如果我们把
圆盘的中心放在一个方格点上，很容易看出它正
好接触到四个方格。更小方格的情况如下，以
$\frac{1}{2} \times \frac{1}{2}$ 开始。

对数学家来说，圆是一维曲线，圆盘是一个二维图，由一个圆和该圆的内部区域组成。

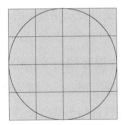 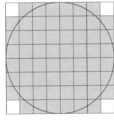 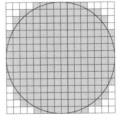 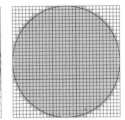

很容易看出，对于 $\frac{1}{2} \times \frac{1}{2}$ 的方格纸，圆盘接

触了16个方格。对 $\frac{1}{4} \times \frac{1}{4}$ 的方格纸来说，圆盘接

触了64个格子中的60个。对于更小的方格，计数
会变得单调乏味，但我们可以使用计算机编程来
为我们计数。结果如下：

方格大小	1	$\frac{1}{2}$	$\frac{1}{4}$	$\frac{1}{8}$	$\frac{1}{16}$	$\frac{1}{32}$	$\frac{1}{64}$	$\frac{1}{128}$
接触的方格数量	4	16	60	224	856	3332	13,104	51,940

快速浏览这些数字显示，将方格大小减半，圆盘接触的方格数量将增加两倍以上。

比率如下：

$$16 \div 4 = 4, \qquad 3332 \div 856 = 3.89,$$
$$60 \div 16 = 3.75, \qquad 13104 \div 3332 = 3.93,$$
$$224 \div 60 = 3.73, \qquad 51904 \div 13104 = 3.96.$$
$$856 \div 224 = 3.82,$$

粗略地说，当我们将网格大小缩小到 $\frac{1}{2}$ 时，所接触的方格的数量增加到4倍。此外，随着方格尺寸变小，这个"粗略地说"变得更加精确。让我们看看为什么。

当方格间距很小时，圆盘接触的绝大部分方格完全位于圆盘内部。圆周处有很多，但是与内部庞大的数字相比，它们的数量相形见绌。当我们将方格的尺寸减半时，每个内部方格被细分为四个较小的方格，因此这部分的计数增加了四倍。对于圆周上的方格，它们也被更细的方格切割成四个，但是并不是所有新形成的小方格都为圆盘所接触，所以它们的数量并未增至4倍。

依据类似的逻辑，如果我们计算格子中圆盘所接触的方格数量，然后使方格间距减小10倍，则更小方格的数量将比原始方格的数量大约多100

倍。第一个方格上的每个内部方格变为100个小方格。圆周上方格的变化并不明显，但是由于它们的数量比内部方格少得多，所以相比之下，这种效果相形见绌。

我们可以这样表示方格数量和方格大小之间的关系：

$$N \propto \frac{1}{g^2} \qquad （B）$$

这是另一种检验方程式（B）正确的方法。圆盘面积为 $A = \pi r^2$。在这个例子中，我们假设的是一个半径为1的圆盘，因此面积就是π。

我们在大小为 $g \times g$ 的方格纸上绘制圆盘，并计算其所接触到的方格数量；假设答案是N。这N个方格中每一个的面积都为 g^2。这N个方格的总面积与圆的面积大致相同。所以得出关系式

$$面积 = \pi \approx N g^2$$

求N的解，得 $\frac{\pi}{g^2}$。我们可以简化成 $N \propto \frac{1}{g^2}$，即（B）。

我们找到了一种可以区分一维和二维对象的量化方法。

关系（A）不仅适用于第222页的曲线，而且适用于任何一个一维对象。对一个一维对象而言，方格缩小为原来的 $\frac{1}{10}$，物体接触到的方格数量约增加到10倍。

关系（B）不仅适用于圆盘，而且适用于任

何二维图形。方格缩小为原来的 $\frac{1}{10}$ 将会使图形接触的方格数量增加到约100倍，因为每个内部方格变为了100个更小的方格。

因此，我们得出：

注意，我们在公式（A）给g附加了指数1。这不会改变公式，但确实埋下了一些伏笔!

尺寸	方格计算公式
1	$N \propto \dfrac{1}{g^1}$ (A)
2	$N \propto \dfrac{1}{g^2}$ (B)

谢尔宾斯基三角的维度

在本章开始，我们以等边三角形开始构建了谢尔宾斯基三角形。它无法在1×1的方格中匀称地摆放：两个侧面很合适，但在垂直方向上有一点短。我们在这里考虑的变体是以完全相同的方式构建的，但它是以底和高的长度为1的等腰三角形开始。

我们现在有一个工具可以区分一维和二维的物体。我们把物体，依次用越来越小的方格覆盖它，然后计算这些格子的数量。我们发现 $N \propto \dfrac{1}{g^1}$，它可以表示一维对象，也发现了表示二维图形的 $N \propto \dfrac{1}{g^2}$。

让我们看看当我们把这个工具应用到谢尔宾斯基三角形时会发生什么。我们把谢尔宾斯基三角放在大小为1×1的方格内。下图显示的是嵌入在大小为 $\frac{1}{2}$、$\frac{1}{4}$、$\frac{1}{8}$ 和 $\frac{1}{16}$ 方格中的同一个图：

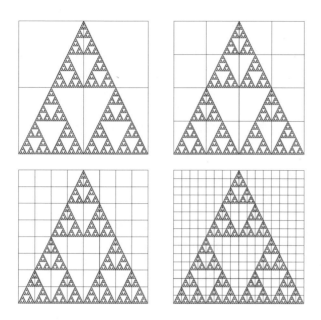

很容易看出在每个方格大小为 $\frac{1}{2} \times \frac{1}{2}$ 的格子中，四个格子都被接触。在每个方格大小为 $\frac{1}{4} \times \frac{1}{4}$ 的格子中，左上方和右上方各有两个未被接触的方格，但其余的方格都被图形所接触。因此，对于 $g = \frac{1}{4}$，N=12。下面是这些数字和一些更小格子各种数据的图表：

方格大小	$\frac{1}{2}$	$\frac{1}{4}$	$\frac{1}{8}$	$\frac{1}{16}$	$\frac{1}{32}$	$\frac{1}{64}$	$\frac{1}{128}$
接触的方格数量	4	12	36	108	324	972	2916

问题是：当我们将方格缩小为原来的 $\frac{1}{2}$ 时，接触的方格数量是变为双倍（如同一维对象）还是4倍（如同二维对象）？

方格数量增加3倍的原因来自谢尔宾斯基三角形的自相似性。

比较上一页四张图中的两张图片（方格大小为 $\frac{1}{4}$ 和 $\frac{1}{8}$）。在左边的图中，谢尔宾斯基的三角形正好接触到了12个盒子；这很容易算。现在看四张图中的第一幅图，但不要计算接触的方格。相反，将此图视为后面的三个小版本：左下，右下，上中。这三个部分中的每一个有12个接触的方格，总共有36个。现在观察该行中最右的图。它包含三个前一个图的微缩副本，共有3×36=108个接触的方格。

符号～表示一种约等的形式，其准确性随着所涉及的数越来越大而变得更高。

正确的答案是：都不是！图表中的每个方格数量是前一个的3倍。谢尔宾斯基三角形的方格数比一维对象增加得快，但比二维对象慢。它的维度位于这两个整数值之间。

我们可以得出一个谢尔宾斯基三角形维数的精确值，但要做到这一点需要一些基本的对数和适量的代数知识。如果这令你反感，可以跳过下面几段。

我们的目标是找到类似于方程（A）和（B）的公式——类似这样的：$N \propto \dfrac{1}{g^d}$。指数 d 是维数。

当方格大小为 $\dfrac{1}{2^k}$（其中 k 是正整数）时，我们发现 $N = \dfrac{4}{3} \times 3^k$。下面是检验过程：

K	1	2	3	4
$\dfrac{1}{2^k}$	$\dfrac{1}{2}$	$\dfrac{1}{4}$	$\dfrac{1}{8}$	$\dfrac{1}{16}$
$\dfrac{4}{3} \cdot 3^k$	4	12	36	108

注意，从公式 $N = \dfrac{4}{3} \times 3^k$ 得出了与前面表格中所示完全相同的值。

我们的问题是找到一个数字 d，使得 $N \propto \dfrac{1}{g^d}$。事实证明，两边取对数是有帮助的：

$$N \propto \frac{1}{g^d} \Rightarrow \log N \sim -d \log g \Rightarrow d \sim -\frac{\log N}{\log g}$$

当$g=2^{-k}$时，得$N=\dfrac{4}{3}\times 3^k$。将这些代入d的公式得

$$d \sim -\frac{\log N}{\log g} = -\frac{\log \dfrac{4}{3}\cdot 3^k}{\log\left(2^{-k}\right)}$$

$$= \frac{\log\dfrac{4}{3}+k\log 3}{k\log 2} \sim \frac{\log 3}{\log 2} = \log_2 3$$

结果约为1.5849625。

谢尔宾斯基不仅有一个三角形，他还有一个地毯。以下是编织谢尔宾斯基地毯的步骤：

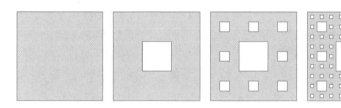

"无穷"循环往复便会产生这样一个图像：

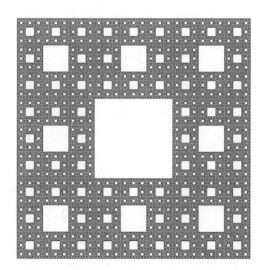

这个分形的维数是多少? 答案在第233页。

帕斯卡和谢尔宾斯基

学生在代数课中努力学习乘法多项式，尤其是$x+y$的幂。让我们回想一下这些幂是什么样子的：

$$(x+y)^0 \rightarrow \qquad 1$$
$$(x+y)^1 \rightarrow \qquad x+y$$
$$(x+y)^2 \rightarrow \qquad x^2+2xy+y^2$$
$$(x+y)^3 \rightarrow \qquad x^3+3x^2y+3xy^2+y^3$$
$$(x+y)^4 \rightarrow \qquad x^4+4x^3y+6x^2y^2+4xy^3+y^4$$
$$(x+y)^5 \rightarrow \qquad x^5+5x^4y+10x^3y^2+10x^2y^3+5xy^4+y^5$$

我们可以将这些多项式的系数显示在一个我们称之为帕斯卡三角形的表格中，如下所示：

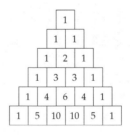

我们已经把这些数字括在了正方形中，因为我们接下来的步骤是将一些方格涂成黑色，再将一些涂成白色。具体来说，我们要把那些包含奇

数的正方形涂成黑色，把包含偶数的正方形涂成
白色。结果如下所示：

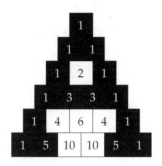

最后，连续涂很多行。下面是我们涂到第64
行时的结果。

这简直妙极了！

科赫雪花

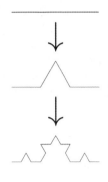

我们以海里格·冯·科赫（Helge von Koch）创作的一个美丽的形状结束分形这一章的讨论。绘制科赫雪花关键在于一个简单的步骤。给定一条线段，我们绘制一个等边三角形，其底边是位于原始线段中间三分之一的部分。然后删除原始线段的中间部分，留下等边三角形的另外两条边。我们现在有一条由四条线段组成的路径，每条路径的长度是原来的三分之一。然后重复整个过程。参看左边的图。

为了获得完整的雪花效果，我们从等边三角形（而不是单个线段）开始。我们在三角形的每一边操作基本的科赫步骤，不断形成向外的凸起。然后重复，重复，循环往复。

以下是这个过程的结果：

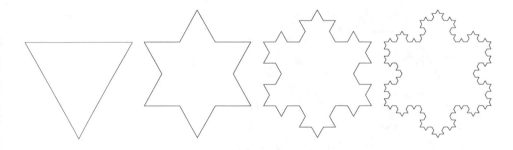

我们不断重复这个过程以至"无穷"，结果便是科赫雪花。

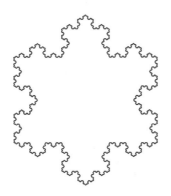

谢尔宾斯基地毯的维数。在这种情况下，使用网格尺寸为 1，$\frac{1}{3}$，$\frac{1}{9}$，$\frac{1}{27}$ 等的方格纸效果会很好。我们得到一个如下的图表：

方格大小	1	$\frac{1}{3}$	$\frac{1}{9}$	$\frac{1}{27}$	$\frac{1}{81}$
接触的方格数量	1	8	64	512	4096

每次 g 缩小 $\frac{1}{3}$，方格数量 N 变为8倍大小。我们可以用一个公式来捕捉这个数字：

$$当 g=\frac{1}{3^{k}}\ 时,\ N=8^{k-1}$$

使用表达式 $d \backsim -\frac{(\log N)}{(\log g)}$（参见第229页）得

$$d \backsim -\frac{\log(8^{k-1})}{\log(3^{-k})} = -\frac{(k-1)\log 8}{k\log 3} \backsim \frac{\log 8}{\log 3}$$

因此，谢尔宾斯基地毯的维数是 $\log_3 8 = 1.89278926$。

18. 双曲几何

欧几里得公设

数学家是定义的狂热分子。我们要求每个概念都要以清晰明确的定义来说明。要做到这一点，每个数学思想都应从简单的思想中精确地建立起来。三角形是从线段构建的，有理数被描述为整数的比率。

现代数学家把数学大厦置于集合——无序的事物总和的概念上。

数学定义的高塔必须奠基于某处。对于希腊人来说，这个基础是几何学。

欧几里得并没有试图定义点、线和面的基本概念。相反，他采取了不同的方法：他假设了这些概念所具有的某些基本属性。这样的假设被称为公设（postulates）或公理（axioms）。

为了启动几何这门学科，欧几里得提出了五个基本的公设。大致翻译如下：

1. 给定任意两个点，有唯一的直线经过它们。
2. 任意线段能无限延长成一条直线。
3. 给定任意一个点和一个长度，有唯一的圆，以这个点为圆心，这个长度为半径。

4. 所有直角都全等。

5. 若两条直线都与第三条直线相交，并且在同一侧的内角之和小于两个直角和，则这两条直线必定在这一侧相交，如下所示：

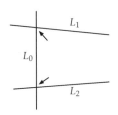

欧几里得给出了直角的定义：当一条直线和另一条直线交成的四个邻角彼此相等时，这四个角均是直角。

前四个公设很简单，不难理解。然而，第五个是相当混乱的。让我们来看看它到底在说什么。

设直线为L_0，与L_0相交的两条直线为L_1和L_2。直线L_0和L_1形成夹角，直线L_0和L_2也是如此。如上图所示。

公设要求我们考虑两个内角和（在L_0的同一侧）小于直角时的情况。图中的箭头指向欧几里得所思考的角。它们都在L_0的同一侧，且都是内角，因为它们内向面对。

我们现在来到这个公设的关键。如果这两个角的和小于直角，那么直线L_1和L_2必定相交。上图没有显示这种相交，但不难想象，当它们延长后最终必定相交。

有了这五个公设，欧几里得就证明出了一大堆有趣的定理。

在一个平面中不相交的直线被称为平行线，所以这个公设也被称为平行公设。

我们用平行公设来证明三角形的内角之和为180°。参考第160页。

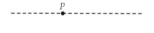

欧几里得的第五公设是丑陋的。它的丑陋与前四个简单的优雅形成对比。数学既是一个实用的解题工具，也是一门审美艺术，所以改善欧几里得的地基是极具吸引力的。

一种方法是用更简单的公理代替欧几里德的第五公设：

5. 给定一条直线，通过直线之外的任意一个点，有唯一的一条直线和已知直线平行。

欧几里得的第五公设的替代版被称为平行公设（Parallel Postulate）。让我们看看它说什么。

假设有一条直线L和一个不在L上的点P点。见左图。公理5′断言，有一条过P的直线（虚线所示）与L平行，而且这样的直线只有一条（因此在该公理的陈述中使用了唯一这个词）。

数学家们已经证明，欧几里得的第五公设和并行公理在逻辑上是等价的。这意味着我们可以证明使用前四个公设和5证明的定理与我们使用前四个公设和5′证明的定理完全相同。

虽然5′的陈述比5简单一点，但它还是不如前四个利索和优雅。我们可以改善它吗？换句话说，是否可以证明平行公设是一个定理，而不是把它作为一个基本假设？

给定一条直线L和一个不在L上的P点，那么平行公设提出了两个主张：首先，有一条过P点的直线与L平行（意思是，不与L相交）；其次，过P点不与L相交的直线不会多于一条。

解决这个问题的一个方法是反证法——这是

我们在第1章中介绍的方法。下面是逻辑的原理。

为了证明过P点存在一条直线与L平行，我们假设没有过P点的直线与L平行。

为了证明这条直线的唯一性，我们假设有两条（或更多）过P点的直线与L平行。

无论哪种情况，我们都要进行逻辑推演，直到出现矛盾。这个矛盾意味着（A）或（B）——我们假设为真——当中的任意一个是错误的：

- 如果不存在与L平行的直线的假设会导致矛盾，则一定存在与L平行的直线。
- 如果平行线有两条（或更多）的假设会导致矛盾，则平行线最多只能有一条。

这是数学家们尝试的方法——并且失败了。可以肯定的是，事情变得很吊诡（如内角之和不是180°的三角形），却没有从中发现矛盾。

没关系。数学家们从没有想象过自己能够所向披靡。他们一直殚精竭虑并将未竟的事业交给下一代，期待青出于蓝而胜于蓝。

按照"平行公设"的探寻思路，更好的想法确实出现了，却与前人的传统思路背道而驰。

大多数数学家希望"平行公理"的不可证会导致矛盾。19世纪的俄国数学家尼古拉·罗巴切夫斯基（Nikolai Lobachevsky）却认为，（B）并不会将我们引向逻辑上的矛盾，而是发现一个崭新的几何世界，为了纪念他，这个几何公理系统通常被称作罗巴切夫斯基几何。

什么是一条线？

直线是一种点的集合，就像圆或三角形那样。只有某些特定的点的集合才被认为是线。

直觉上，我们明白什么是一条线：它很细（没有宽度），笔直，并且在两个相反的方向上一直延续下去。但是这个描述不是一个完整的数学定义。笔直是什么意思？这是一个很难明确的概念。

因此，正如我们所提到的，欧几里得采取了不同的方法，这是我们今天思考点和线的方法。我们有称作点的东西和某些我们称之为线的点的总和（集合），如果它们都满足欧几里得的公理，那么我们得到一个系统，我们将其称为欧几里得几何（Euclidean geometry）。

如果我们改变欧几里得关于点和线的基本性质的假设，那么我们会得到不同类型的几何。我们来看一个简单的例子。我们保留欧几里得的第一个公理：

1. 任意两条直线有唯一公共点。

我们引入一个颠倒点和线角色的设定。

注意假设1'意味着没有平行线，它断言每一对线都是相交的。这种情况在欧几里得几何中不存在。

1′. 任意两条直线可以通过一个点相连。

让我们看看适当选择的"点"和"直线"可以满足条件1和1′。对于这个例子，我们正好有七个点，我们将它们简单命名为1，2，3，4，5，6和7。

这个七点七线的系统被称为法诺平面（Fano Plane）。

$$\{1, 2, 3\} \{1, 5, 6\} \{1, 4, 7\} \{2, 5, 7\}$$
$$\{2, 4, 6\} \{3, 4, 5\} \{3, 6, 7\}$$

这七条"直线"和欧几里得的直线完全不一样。每一条只有三个点！

仔细一点，我们可以检验出这个七点七线的系统满足假设1和1′。

- 检验假设1。选择任意两点：假设2和5。这两点都位于直线{2，5，7}，并且没有其他的直线包含它们。

这是定义欧几里得的点和直线的一种方法。一个点是一对实数（x，y）。直线是一组点（x，y），其满足$ax+by+c=0$的形式，其中a和b不都是零。通过这些定义（以及适当的圆和角的定义），可以证明其满足欧几里得公理。

将点表示为成对的数，并将直线对作为方程的解，构成了以数学家和哲学家勒内·笛卡尔命名的笛卡尔平面。

如果你检查所有可能的成对的数字，会发现总是有一条直线——且只有一条——包含这两个数字。

- 检验假设1′。选择两条直线，任意两条：比如{1，4，7}和{3，4，5}。这两条直线都包含点3，这是它们唯一的共同点。如果你检查所有可能的成对的直线，你会发现它们总是包含一个共同的点，且只有一个共同的点。

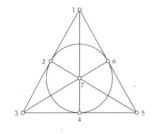

不用图像谈论几何是很奇怪的。幸运的是，如左图所示，有一个很好的方式来表示这个系统。七个点用小圆点表示，七条线用线段（对于大多数线）和一个圆（对于线{2，4，6}）来表示。

关键在于（哈！）我们收集了大量被将称之为点的东西，然后对某些点的总和（集合）进行指定，称之为直线。如果这些所谓的点和直线能满足具有几何意义的条件，那么点和直线的名称是合理的，即使它们与欧几里得观念中的点和直线毫无相似之处。

圆盘内的整个平面

我们在点和直线这两个词的使用上已经变得相当宽容。只要满足适当的假设，我们可以确定任意的点，并将这些点的组合称作直线。什么是"适当"的？对欧几里得而言，"适当"就是我们在本章开头介绍的那五个假设。

在这种情况下，我们提出了另一个"点"和"直线"的集合，来创建双曲几何（yperbolic geometry）。它的所有点都位于一个固定的圆内。我们将这个圆内的整个区域称为双曲平面（hyperbolic plane）。

双曲平面的线一定是圆弧。这是令人困惑的：一条弧线怎么能成为一条直线呢？弧线是弯曲的，直线是直的！为了方便理解，我们使用双

这种双曲平面的模型被称为庞加莱圆盘模型，以纪念19世纪的法国数学家亨利·庞加莱（Henri Poincaré）。

曲直线（hyperbolic line）的表述来区分它与那位
笔直的表亲。

以下是双曲平面中的双曲线。

- 绘制一个与双曲平面相交成直角的圆（参
  见下图中的箭头）。位于双曲平面内部的
  部分是双曲直线。
- 过双曲平面的原点绘制一条直线。位于双
  曲平面内的部分也是一条双曲直线。

下面的图显示了在双曲平面中绘制的三条双
曲直线。

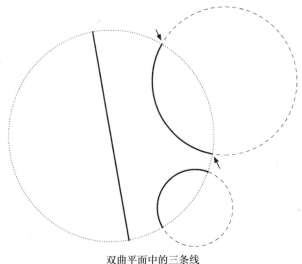

双曲平面中的三条线

双曲平面是由细小的圆点组成的圆的内部。
在上页图中，我们看到了两条双曲直线，它们是
垂直于边线的圆弧和一条构成直径的双曲直线。
注意这些弧线和直径的端点不是相应双曲直线的

一部分。（这些圆的粗糙的虚线部分不是双曲直线的一部分，它们只是为了显示圆弧是如何以直角与细小圆点组成的圆相交的。）

对于左侧的图形，我们给出了三条线。其中两条互相交叉，第三条与它们平行！欧几里得平面上不可能存在这样的线。

启示

双曲平面上的情况是截然不同的。关于欧几里得平面的许多几何"事实"在双曲平面中并不成立。

首先，三角形是完全不同的。在欧几里得平面上，三角形的内角之和正好是180°。在双曲平面中，三角形的内角之和总是小于180°（在第13章中，我们证明了三角形内角之和必定等于180°，但是那个证明使用了平行公理作为关键步骤）。

在欧几里得平面中，三角形的面积可以随心所欲。在双曲平面中，三角形的面积有最大值，并且有一个简单的公式来计算该面积。如果三角形的三个内角加起来为 s，那么三角形的面积为 $K(180-s)$，其中 K 是一个特定的数字。这个公式意味着如果两个不同的三角形具有相同的角度，那么它们就具有相同的面积。在欧几里得几何中，情况并非如此：两个三角形（比如三个内角

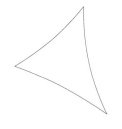

技术细节：重新调整欧几里得平面的比例并没有从根本上改变它。然而，双曲线平面在重新调整时会稍有不同。三角形面积公式中的数字 K 取决于该比例。

为35°–65°–80°）具有相同的形状（我们说它们是*相似的*），但可能面积相差很大。在双曲平面中，两个内角为35°–65°–80°的三角形不仅面积相同，而且实际上是全等的！

矩形是所有四个角均为90°的四边形。下面是一个关于双曲平面中矩形的有趣事实：双曲平面中没有矩形！右侧的图形表示双曲平面中一个四边形，它的三个角为直角，但是第四个角小于90°。

为什么矩形不可能存在？想象在双曲平面上有一个四边形R。将R切成两半，用一条线段将一对对角相连会得到两个三角形。这两个三角形各自的内角之和小于180°，所以当我们将它们重新组合成四边形R时，所有内角的总和将小于360°。这意味着R的四个角不都是90°。

欧几里得平面可以用等边三角形、正方形和正六边形平铺。但不能用正五边形平铺。原因如下：正五边形的内角之和是108°；如果我们在顶角处加入三个正五边形，则角度加起来只有324°，因此会留下空隙；但是我们不能把四个正五边形挤在一起，因为这些角加起来为432°，超过了所需的角度——360°。

使用多边形平铺平面被称为密铺（tessellation）。这里我们考虑所有用于填充的形状都是正n边形。

然而，双曲平面中正n边形的角度不仅仅取决于n。这意味着，我们可以制作一个内角都为90°的正五边形（参见右边的图形）。我们可以在每个顶角做出四个这样的五边形，并正好填满360°的空间。重复这个操作，我们可以创造出一个神奇的双曲平面镶嵌，如下图所示。

双曲平面密铺激发了许多艺术家的灵感，最引人注目的是M.C.艾歇尔（M. C. Escher）。我们推荐网站*hyperbolictessellations. com*，里面有许多漂亮的例子。

这张图中所有五边形的大小和形状完全相同。当它们靠近虚线边界时看起来更小，这只是我们在绘制双曲平面图过程中的人为现象。这张图中的镶嵌图形都是相同的。它们都是正五边形，内角都是90°。这就是它们完美地融合在一起的原因。

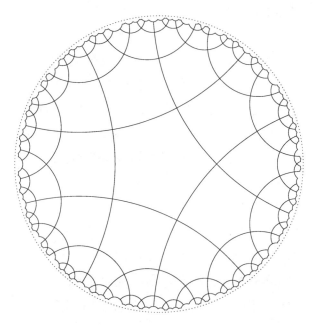

这里还有两个双曲平面密铺图供大家欣赏。

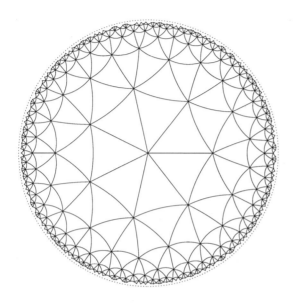

一个顶角上连接七个三角形。

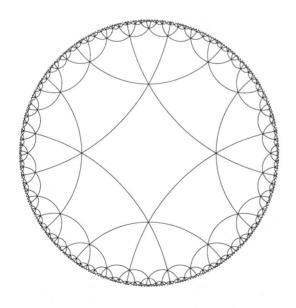

一个顶角上连接六个四边形。

美丽的数学

19. 非传递性骰子

世界痴迷于排名。我们会对运动员、运动队、医院、餐馆、电影、流行歌曲、学生、学院、城市、工作、汽车等进行各种排名。我们热衷于知道哪个是最好的，哪些是最重要的"前十名"。

这是一堆无稽之谈：有趣的废话，却是谬论。在某些情况下，这种谬论源自排名方法的主观性。比如你所在镇上的某家餐馆被认为是"最好的"，但并不意味着它是你最喜欢的。你的偏好可能与评论家对餐厅的评价不一致，而且他们的评价可能相互矛盾。

我们可能能够选择一种客观的排名系统，但仍然会得到荒谬的结果。我们可以根据电影的票房来判断一部电影，这是客观的并可测算的。人们可以合理地认为，电影越好，愿意买票观影的人就会越多。但是一部高票房的电影可能会让你感到厌烦，而一部小众的、低成本的电影可能会令你感到愉悦。电影的票房高低可能与营销有关，并不能代表其本身的质量。

但是，假设我们能够摒弃所有的主观性，并且就如何比较竞争对手的方法达成普遍一致，那么我们或许可以让这个排名方法回归到它的数学要义。这种荒谬性消失了吗？

两个骰子的游戏

让我们玩一个简单的游戏。两个人轮流抛掷骰子，骰子点数最多的胜出。如果我们玩的是两个标准的骰子——两个都标有1到6的点数，那么一个骰子比另一个骰子更好的说法就是无意义的，因为它们完全一致。

现在让我们改变两个骰子上的点数。我们将这两个骰子命名为A和B，并用右图中所示的值标在它们的六个面上。

| A | 2 | 3 | 4 | 15 | 16 | 17 |
| B | 5 | 6 | 7 | 8 | 9 | 18 |

哪个更好，A还是B？如果你正在玩这个游戏，你更喜欢哪个骰子？

为了回答这个问题，我们考虑骰子落下后可能显示的所有点数。如果A的点数是2，那么2可能与B上六个数字中的任何一个进行比较。如果A的点数是3，那么它仍然会遇上B上的任一个数字。总共有$6+6+6+6+6+6=6 \times 6=36$种可能的组合结果，所有这些结果的可能性相同。有时A赢，有时B赢（因为它们没有共同的数字，所以不会有平局）。哪个赢的次数更多呢？

让我们制作一个表格，显示所有36种可能的

组合，并在每种情况下确定哪个骰子获胜：A或
B。如下图：

		A					
		2	3	4	15	16	17
B	5	B	B	B	A	A	A
	6	B	B	B	A	A	A
	7	B	B	B	A	A	A
	8	B	B	B	A	A	A
	9	B	B	B	A	A	A
	18	B	B	B	B	B	B

现在很容易看出，B是更好的骰子。在势均
力敌的比赛中，B获胜的次数更多。计算表格中A
和B的数量，我们看到A在36次比赛中平均赢得15
次，而B赢得了21次。

赌徒们会说A的赔率是15：21，而B的赔率是
21：15。数学家们将这个表示为概率：A获胜的
概率为$\frac{15}{36}$（约42%），B获胜的概率是$\frac{21}{36}$（或约
58%）。

按你喜欢的说法表述：B比A好。

一个挑战者

C	1	10	11	12	13	14

现在我们加入第三个骰子。加入挑战者！C
六面的数字如左图所示。

C按照同样的规则兴致勃勃地挑战B。两个骰
子都抛出，点数大的一方胜出。B和C哪个更好？

和以前一样，我们绘制一张显示所有36种可能结果的表格，并检验哪个骰子更有可能获胜。

	C					
	1	10	11	12	13	14
5	B	C	C	C	C	C
6	B	C	C	C	C	C
7	B	C	C	C	C	C
8	B	C	C	C	C	C
9	B	C	C	C	C	C
18	B	B	B	B	B	B

注意C比B更有可能获胜。C的获胜概率是 $\frac{25}{36}$ （约69%），而B只有 $\frac{11}{36}$ （约31%）。

在势均力敌的比赛中，C比B好，B比A好。

这意味着C是三者中的"最佳"骰子，是这样吗？

反败为胜

在三个骰子中，似乎A是最差的，C是最好的。当A与C较量时会发生什么？想当然地，C会战胜A。

和以前一样，我们构建了一个显示所有可能结果的表格：

	\ A					
	2	3	4	15	16	17
1	A	A	A	A	A	A
10	C	C	C	A	A	A
11	C	C	C	A	A	A
12	C	C	C	A	A	A
13	C	C	C	A	A	A
14	C	C	C	A	A	A

(C 标注在左侧，A 标注在上方)

看哪！A比C好。骰子A获胜的概率是 $\frac{21}{36}$（约58%），但C获胜的概率是只有 $\frac{15}{36}$（约42%）。

我们得出以下惊人的三个结论：

- B比A好，
- C比B好，而且
- A比C好。

可见比较这些骰子中的哪一个是"最好的"是没有意义的，试图对它们进行排名也是毫无意义的。我们在日常生活中还遇到过多少纯属无稽之谈的排名？

更多的例子

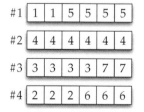

#1	1	1	5	5	5	5
#2	4	4	4	4	4	4
#3	3	3	3	3	7	7
#4	2	2	2	6	6	6

左图是另一组骰子，供你分析。

这个例子是斯坦福大学统计学教授布拉德利·埃夫隆（Bradley Efron）提出的。

考虑图中所示的四个骰子。计算1战胜2，2战胜3，3战胜4，4战胜1的概率。在各组较量中，哪个骰子是最好的？你如何对这些骰子进行排名？

答案在下一页。

你玩扑克吗？特别是，你玩德州扑克吗？想象一下，两个人正在玩，你可以偷看他们的底牌（也称"口袋"牌）。假设第一个玩家持有A♠和K♡，第二个玩家持有10◇和9◇。谁的获胜机会更大？第一个玩家有点数更高的牌，但第二个玩家有可能有顺子或同花顺。

要弄清楚哪一方更好，我们必须考虑先发出的五张面朝上的公共牌。有48张牌未发出（一副牌总数的52张减去两名玩家手中的4张牌）。原则上，公共牌的发放方式有无数可能，我们可以计算出哪个牌手——持有A♠K♡或持有10◇9◇——能够获胜（或者是平手）。公共牌的选取有近200万种可能的方式。这个过程用手工计算过于烦琐，但是计算机很容易完成。在网上搜索"扑克计算器"可以找到很多相关网站的链接迅速完成这个计算。

从其余48张牌中挑选5张牌有 $\binom{48}{5}$ 种可能，等于1712304。

通过使用计算器，我们得知A♠K♡获胜概率是58.6%，10◇9◇的获胜概率是41%，他们获得平手的概率为0.4%。

结论：持有♠K♡比10◇9◇更有优势。

现在轮到你了。找一个扑克获胜概率计算器，并用它来比较这两组比赛：

• 10◇9◇ 对战2♣2♥。

● 2♣2♥ 对战A♠K♥。

使用计算器的结果来排列三种底牌的优劣：A♠K♥，10◇9◇和2♣2♥。

答案如下。

埃夫隆的骰子：

为四组比赛创建表格，在所有四种组合中，更好的骰子的获胜概率都是 $\frac{2}{3}$：＃1比＃2好，＃2比＃3好，＃3比＃4好，＃4比＃1好。这四个骰子的排名是没有意义的。

德州扑克：

使用扑克计算器，我们得到以下结果：

● A♠K♡战胜10◇9◇的概率是58.6%。

● 10◇9◇战胜2♣2♥的概率是52.9%。

● 2♣2♥战胜A♠K♡的概率是52.3%。

这意味着A♠K♡优于10◇9◇，10◇9◇优于2♣2♥，2♣2♥优于A♠K♡。对这些底牌进行排名是没有意义的。

所有这一切都假定发生在只有两个人玩德州扑克的情况下，如果桌上有三名玩家，并且所有三张底牌同时亮出，会发生什么?

20. 医疗概率

一项关于罕见疾病的新型诊断测试已经推出，这是一个非常可靠的测试。你决定自己测试一下，让你非常失望的是测试结果呈阳性。你有多担忧？

量化担忧是有困难的，在这种情况下，任何人产生忧虑都是正常的，所以让我们对这个问题稍作修改：你罹患这种罕见疾病的可能性有多大？

要回答这个问题，我们需要知道这个测试的可靠程度，并且我们要弄明白，患有这个疾病的罕见程度。所以在此提供一些数据。

罕见疾病的患病率为0.1%：千分之一的人处于这种令人担忧的状况。

这种疾病测试并不完美——没有任何诊断测试是完美的。假设它的可靠程度为98%。这意味着：

- 假定有100名健康的人，测试报告将正确显示98人是健康的，但错误地显示2人患病。

- 假定有100名病人，测试报告将正确显示98人患病，但错误地显示2人健康。

当然，我们想要一个更可靠的测试。但先让我们假设这是唯一可行的诊断。

我们的问题是：你的测试结果呈阳性。你罹患这种疾病的概率是多少？

答案似乎显而易见。我们刚才解释说测试的可靠程度是98%，看起来你的患病概率是98%，对吗？

假设一个有100万人口的城市，在这100万人口中，有1000人患病。那意味着有1000个病人，其他的99.9万人是健康的。

我们现在给这100万人做诊断测试。鉴于这个测试的有效性为98%，让我们来计算一下有多少人的结果呈阳性。

- 在1000个病人当中，大部分，但不是全部的病人的结果将呈阳性。人数是$1000 \times 0.98 = 980$。
- 在999,000名健康人中，绝大多数人会得到一个好消息：他们没有这种疾病。但是2%的人会得到假阳性结果。阳性结果为$999,000 \times 0.02 = 19,980$。

总而言之，有$980 + 19,980 = 20,960$人的测试结果为阳性。

现在我们可以回答这个问题了：如果你的测试结果呈阳性，那么你罹患这种疾病的概率是多少？

在两万多结果呈阳性的人中，实际上罹患此疾病的不到1000人。确切的概率是

$$\frac{980}{20960} = 4.7\%。$$

你罹患此疾病的概率不是98%。事实上，你患病的概率不到5%！

这是否意味着测试是毫无价值的？一点也不。

首先，如果医生怀疑你有此疾病，那么你不再是一个"随机"的病人。如果你有一定的症状，那么你罹患疾病的概率不是千分之一，但是或许是——可以这么说——四分之一。在这种情况下，主动的检测结果比毫无理由的随机检测更有意义。

计算：假设你所在的人群中有25%的病人，如果你的检测结果为阳性，你罹患这种疾病的概率是多少？答案见第262页。

其次，如果这种疾病是危险的，那么使用这个精确度为98%的测试可能是在大量人群中进行筛查的一个好方法。那些结果呈阳性的人可以接受第二步——可能更为昂贵的——后续测试，以便得到精确诊断。

当然，得到一个阴性的结果可以让人感到放心。但是，你放心的概率是多少？（答案见第262页）

精确度为98%的测试误导性可能很强，会违反直觉，但计算本身还是说明了一些问题。然

而，观测原始数据并不能给我们带来直觉感受。

在下面的图中，大的长方形表示整个人口。包含在该人口中的小区域代表病人（左上方），该区域的其余部分代表健康个体。图上方的灰色条纹表示（两组人群）测试结果为阳性的人。白色区域代表测试结果为阴性的人（也是两组人群）。

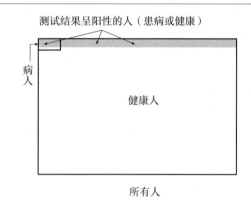

测试结果呈阳性的人（患病或健康）

病人

健康人

所有人

注意：这个图中的比例不是完全符合给定的百分比（0.1%的病人，98%的测试精确度）。

图中两个区域分别代表生病的人（左上角的方块）和健康的人（整个长方形的其余部分）。横跨两个区域的灰色条纹代表测试结果呈阳性的人。注意，大多数人的诊断是正确的。病人范围中几乎每个人都为阳性结果（灰色）且健康范围内几乎每个人测试结果都为阴性（白色）。

该图说明了这个问题的关键特征：

- 这种疾病很罕见——只有全部人口中的一小部分属于"罹患此疾病"类别；
- 测试正确地诊断出了大多数罹患此疾病的人——灰色的横条几乎涵盖了所有的"病人"区域；
- 测试对大多数健康人的诊断是正确的——灰色部分只占"健康人"范围的一小部分。

关键在于大部分的灰色条纹涵盖的是健康人，所以检测结果呈阳性更可能意味着你的检测结果是假阳性，而不代表你真的患病了。

条件概率 *

我们已经计算了假设检测结果呈阳性时不健康人群罹患此疾病的概率。我们通过一个100万人的假设人口，计算出不同的人群，并得出了我们的答案。一个不那么"特别设置"的方法是直接使用语言和概率表示法，我们以这种阐释来结束本章。

对于事件A，我们用$P(A)$来表示A发生的概率。用$P(\overline{A})$表示A不发生的概率，并且$P(\overline{A})=1-P(A)$。

对于事件A和B，我们用$P(A \wedge B)$代表A和B

这段讨论适用于那些研究过概率的人，只需要一点点复习，其他读者可以放心地跳过这一节。

同时发生的概率。

符号$P(A \mid B)$表示在B发生的情况下A发生的概率，即"在B条件下A的概率"。根据贝叶斯公式得：

$$P(A \mid B) = \frac{P(A \wedge B)}{P(B)}$$

这个诊断测试问题的假设可以表示如下。设S是一个人罹患疾病的事件，设T为测试结果为阳性的事件。我们得出以下几点：

- 罹患该疾病的人口占总人口的0.1%，因此$P(S) = 0.001$。
- 测试正确地显示一个人罹患该疾病的概率为98%，因此$P(T \mid S) = 0.98$。
- 测试正确地显示一个人健康的概率为98%，因此$P(\overline{T} \mid \overline{S}) = 0.98$。或者说，测试为假阳性的概率为2%：$P(T \mid \overline{S}) = 0.02$。

现在的问题是：如果测试结果为阳性，那么病人罹患此疾病的概率是多少？

在符号中，我们要确定出$P(S \mid T)$。我们知道它等于$P(S \wedge T) / P(T)$。因此我们需要计算$P(S \wedge T)$和$P(T)$。

我们从$P(S \wedge T)$开始，它与$P(T \wedge S)$相同。根据贝叶斯公式得：

$$P(T \mid S) = \frac{P(T \wedge S)}{P(S)}$$

已知$P(T \mid S) = 0.98$，$P(S) = 0.01$
得：

$$P(S \wedge T) = P(T \wedge S) = P(T \mid S) P(S)$$
$$= 0.98 \times 0.001 = 0.00098$$

接下来我们计算$P(T)$。已知$P(T \mid S)$ $= 0.98$，$P(T \mid \bar{S}) = 0.02$。我们可以把$P(T)$写成$P(T \wedge S) + P(T \wedge \bar{S})$。注意：

$$P(T \wedge S) = P(T \mid S) P(S) = 0.98 \times 0.001$$
$$= 0.00098$$
$$P(T \wedge \bar{S}) = P(T \mid \bar{S}) P(\bar{S}) = 0.02 \times 0.999$$
$$= 0.01998$$
$$\Rightarrow P(T) = P(T \wedge S) + P(T \wedge \bar{S})$$
$$= 0.00098 + 0.01998 = 0.02096$$

最后我们再一次代入贝叶斯公式：

$$P(S \mid T) = \frac{P(S \wedge T)}{P(T)} = \frac{0.00098}{0.02096} \approx 0.0468$$

这个结果证实了我们之前的计算。

如果你有症状：假设，由于你的症状，你罹患这种疾病的概率是25%。如果你的检测结果为阳性，你患病的概率是多少？假设和你情况相同的人为100万人。其中25万人是病人，其余75万人是健康的人。

- 在25万病人中检测结果为阳性的为$250000 \times 0.98 = 245000$人。
- 在75万健康人中，检测结果为假阳性的为$750000 \times 0.02 = 15000$人。

总共有26万人检测结果为阳性，其中24.5万人确实罹患此疾病。因此你患病的概率是$245 \div 260 = 94.2\%$。

如果你的检测结果为阴性：假设你参加了检测，结果为阴性，你健康的概率是多少？

在我们这个100万人的城市里，有1000人是病人，99.9万人是健康人。有多少人检测结果为阴性？

- 在1000个病人当中，2%的人结果为假阴性。
  $1000 \times 0.02 = 20$
- 在99.9万名健康人中，98%的人结果为阴性。
  $999000 \times 0.98 = 979,020$

所以你健康的概率是

$$\frac{979020}{20 + 979020} = \frac{979020}{979040} = 99.998\%$$

这可能看起来像是一个好消息，但要记住：即使没有检测，你健康的概率还是99.9%。所以检测所增加的值是微不足道的。

21. 混沌

是什么让事件变得不可预测？我们在前面的章节讨论了有关概率的概念。概率论的核心思想是，有些现象是随机的，因为它们是不确定的，所以不能准确预测。将各种现实世界的现象（如骰子的滚动）作为随机现象建模的方法是合理并高效的。

但是，骰子的滚动真的是随机的吗？或许如果我们知道每一个关于骰子的细节——从旋转速度到房间里的气流，再到它所落下的表面的摩擦系数——我们可以确定骰子的哪一面会朝上。也许骰子的滚动不是随机的，只是很难对此进行判定。

什么事件是随机的？物理学家告诉我们，一些物理现象确实是随机的，这是量子力学的核心原则。电子和光子等微小粒子的行为无法被预测，因为随机性是它们运转的基础。

其他的物理、生物和社会现象都可以用概率论很好地进行建模，这真是太棒了。但它们是随机的吗？也许它们非常复杂。

这引领我们进入本章的问题：一个非常简单、拥有绝对确定性的系统，可能完全不可预测吗？

函数

本章中讨论的概念是函数迭代。迭代（iteration）意味着反复做同样的事情。让我们回顾一下数学家对函数的定义。

我们只考虑了把数字转换成数字的功能。函数可以将各种数学对象转换为其他数学对象。

函数被认为是将一个数字转换成另一个数字的"黑匣子"。我们想象这个匣子有一个输入槽，我们插入数字，转动曲柄使匣子工作，一个结果便输出出来。

例如，想象一个可以执行以下操作的匣子。它接受数字，将其平方后加1，然后得出结果。让我们给这个函数取一个名字，我们称之为"平方后加1"函数。以下是它接受3的工作流程：

$$3 \longrightarrow \boxed{\text{平方后加1}} \longrightarrow 10$$

用文字描述函数的功能是麻烦的，用数学符号来表示会更清晰。对于数字3，我们首先将它平方（所以3变成$3^2 = 3 \times 3$），然后加1，得到$3^2 + 1 = 10$。我们在这个函数中插入数字4的结果是什么？我们得到$4^2 + 1 = 17$。

数学家倾向于使用单个字母来命名函数，而不是使用长名字（例如"平方后加1"），而且在大多数情况下我们选择的字母是f。为了显示f在一个数字上的作用，我们把这个数字放在函数名后面的括号中，像这样：$f(4)$。

用这种表示法，我们得出一个简便的方法编写能精确定义这个函数的规则。

$$f(x) = x^2 + 1$$

这表明，对于给定的数字x，将函数f应用到该数字的结果是$x^2 + 1$。

另一个例子是，定义一个新的函数g

$$g(x) = 1 + x + x^2$$

$g(3)$是多少？我们在g的定义中用3代替x来得到这个计算结果：

$$g(3) = 1 + 3 + 3^2 = 1 + 3 + 9 = 13$$

通过进行一个接一个的运算，我们可以将函数进行组合。让我们梳理一下$f(g(2))$的定义（使用我们刚刚定义的f和g）。

这个表达式要求我们从其他函数中计算出f。从什么函数里呢？我们从$g(2)$中计算f值。$g(2)$是多少？根据g的定义，它是$1 + 2 + 2^2 = 1 + 2 + 4 = 7$。我们现在根据$g$计算$f$：$f(7) = 7^2 + 1 = 50$。合并得

$$f(g(2)) = f(7) = 50$$

现在请通过计算$g(f(2))$来检验你是否理解了。答案不是50。你可以在第281页找到答案。

让我们回到迭代的概念。如前所述,迭代就是一遍又一遍地重复同样的事情。再说一遍:迭代就是一遍又一遍地重复同样的事情……(好,我希望你听明白了这个玩笑)。

让我们来思考函数 $f(x)=x^2+1$。标记 $f(f(x))$ 意味着我们要做两次 f 的运算:取数字 x,应用函数 f 得到结果,然后把结果应用到 f 得到最终的答案。举例如下:

$$f(f(2))=f(2^2+1)=f(5)=5^2+1=26$$

我们可以迭代两次以上。这里我们迭代三次:

$$f(f(f(2)))=f(f(5))=f(26)$$
$$=26^2+1=677$$

当我们重复函数三次以上时,很难读出这个标记。因此,我们写成 $f^4(x)$,而不是 $f(f(f(f(x))))$,需要明白的是这里的指数并不意味着重复乘法,而是重复函数应用。对于正整数 n,符号 $f^n(x)$ 表示:

$$f^n(x)=\underbrace{f(f(f(\cdots f(x)\cdots)))}_{n次}$$

逻辑映射迭代

在本节中,我们计算形式为 $f(x)=mx(1-x)$ 的函数的迭代,其中 m 是一个特定的数字。这个函数族被称为逻辑映射（logistic maps）。在所有情况下，我们都从 $x = 0.1$ 开始，进行函数迭代，看看会发生什么。

"映射"是函数的同义词。

我们从下面这个函数开始：

$$f(x) = 2.5x(1-x)$$

从 $x = 0.1$ 开始，我们先计算

$$f(0.1) = 2.5 \times 0.1 \times (1-0.1) = 2.5 \times 0.1 \times 0.9 = 0.225$$

我们再次应用 f：

$$\begin{aligned} f^2(0.1) = f(0.225) &= 2.5 \times 0.225 \times (1-0.225) \\ &= 2.5 \times 0.225 \times 0.775 \\ &= 0.4359375 \end{aligned}$$

让我们借助一下电脑，编写一个程序来计算 f 的迭代，得到以下结果：

n	$f^n(0.1)$
1	0.225
2	0.4359375
3	0.614739990234
4	0.592086836603
5	0.603800036311
6	0.598063881154
7	0.600958688032
8	0.599518358277
9	0.600240240915
10	0.599879735253

注意，连续迭代越来越接近0.6。有一个很好的方式对其进行可视化操作。我们用图表表示 0.1, $f(0.1)$, $f(f(0.1))$ 等的值。横轴表示迭代次数n。在每一步，我们绘制一个显示$f^n(0.1)$值的点。（"第0次"迭代是起始值，为0.1。）然后我们用线段连接这些点，使得图案更清晰。结果如下：

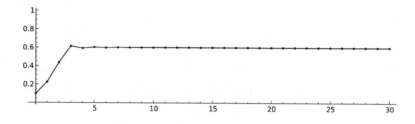

我们所看到的是f的迭代收敛于0.6。

0.6有什么特别之处？注意

$$f(0.6)=2.5\times0.6\times(1-0.6)=2.5\times0.6\times0.4=0.6$$

数值0.6称为f的一个不动点，因为通过函数f运行该数值并不会令它发生改变：$f(0.6)=0.6$。

让我们用另一个混沌序列重复这个实验。这次我们把乘数改为2.8。现在函数是$f(x)=2.8x(1-x)$。和前面的情况一样，我们从$x=0.1$开始迭代。下一页最上面的图是前十次结果：

n	$f^n(0.1)$
1	0.252000000000000
2	0.527788800000000
3	0.697837791264768
4	0.590408583372939
5	0.677113606546995
6	0.612166157052565
7	0.664772508993766
8	0.623980056783718
9	0.656961047455737
10	0.631017042828474

看起来迭代在0.64附近徘徊。让我们运行下一步的迭代并将结果用图表表示：

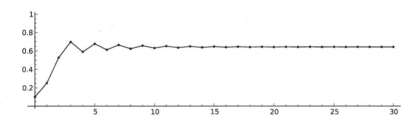

在十次迭代的标记中，数值仍然是上下浮动，但是当我们运行到第30次迭代时，它们已经稳定下来了。那个值是多少？它是一个介于0和1之间的数字，其性质为$f(x)=x$。我们可以解出这个方程：

$$f(x)=x$$
$$2.8x(1-x)=x \qquad 两边除以x$$
$$2.8(1-x)=1$$

$$2.8 - 2.8x = 1$$
$$1.8 = 2.8x$$
$$x = \frac{1.8}{2.8} = 0.642857$$

$f(x) = 2.8x(1-x)$ 的迭代收敛至0.642857。

数学家把这些动力系统（dynamical systems）称为：具有初始状态，并根据转换规则进行状态转变的系统。

逻辑映射的迭代$f(x) = mx(1-x)$可以被看作是一个简单的演化系统。数字x表示系统的状态，函数f表示系统如何从一个步骤演化到下一个步骤。在我们考虑过的两种情况中（$m=2.5$和$m=2.8$），系统的长期行为是在函数的一个不动点上稳定，进入一种"平衡"。

我们继续用$m=3.2$探索逻辑映射的迭代。和之前一样，我们从$x=0.1$开始。下面是迭代后的值：

n	$f^n(0.1)$
1	0.288
2	0.6561792
3	0.721945783959552
4	0.642368220744256
5	0.735140127110768
6	0.623069185991463
7	0.751532721470076
8	0.597540128095543
9	0.769554954915536
10	0.567488404097546

这是怎么回事？迭代似乎没有稳定下来。

事实上，如果我们看到偶数步骤，数值越来越小

（约为0.66，0.64，0.62，0.6，0.57），而在奇
数步骤数值越来越大（约为0.72，0.74，0.75，
0.77）。数值不是越来越靠拢，而是越来越疏离！

让我们绘制前30次迭代，观察这个系统的
结果：

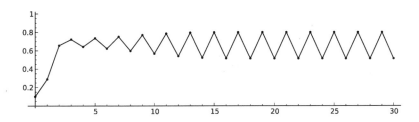

看哪！系统没有"稳定"到一个单一的值，
而是在两个数字之间振荡。让我们一直运算至第
50次迭代。以下是图表的最后几行：

n	f^n (0.1)
47	0.799455490467370
48	0.513044509532630
49	0.799455490467370
50	0.513044509532630

该系统的长期行为是在两个值之间振荡，
$s=0.799455\cdots$和$t=0.5130445\cdots$。数字的性质是
$f(s)=t$和$f(t)=s$。振荡模式见右图。

在逻辑映射的迭代中，我们还能观察到什么
状态？下一站是$m=3.52$。让我们直接看$f(x)$，
$f^2(x)$，$f^3(x)$，$\cdots$的迭代图。

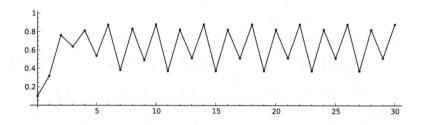

下面是值的图表：

n	$f^n(0.1)$
1	0.3168
2	0.7618609152
3	0.638629591038977
4	0.812352064439049
5	0.536575381199139
6	0.875291090045285
⋮	⋮
95	0.373084390547640
96	0.823301346832223
97	0.512076361760377
98	0.879486648432946
99	0.373084390487175
100	0.823301346778198

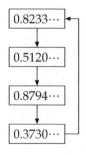

这个系统的长期状态是有趣且相当稳定的。系统逐步在四个不同的值间循环，循环往复以致无穷（ad infinitum），如左图所示。

从有序到混沌

我们研究了一些逻辑函数 $f(x) = mx(1-x)$ 迭代的长期状态。在所有情况下，迭代都稳

定在一个平稳的模式。在某些情况下（$m=2.5$和
$m=2.8$），系统将自身停止在一个单一的值上：
函数 f 的一个固定点。在其他情况下（$m=3.2$和
$m=3.52$），系统拥有一种稳定、可预测的节奏。

生活是美好的。我们知道起始值：$x=0.1$。
我们知道从一个值到下一个值的规则：$f(x)$
$=mx(1-x)$。当然，我们可以从现在开始，直
到系统的状态进入永恒。是这样吗?

最后一个例子：$m=3.9$。让我们从计算机中
获得前10次迭代：

n	$f^n(0.1)$
1	0.351
2	0.8884161
3	0.386618439717081
4	0.924864024972462
5	0.271013185108377
6	0.770503650562580
7	0.689628322626039
8	0.834760287106335
9	0.537948645688288
10	0.969383611132657

目前尚不清楚发生了什么。我们试着绘制前
30个迭代。

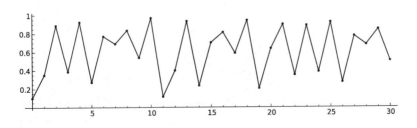

没有明显的模式。别担心。让我们再试一次，这一次运行到第100次迭代。

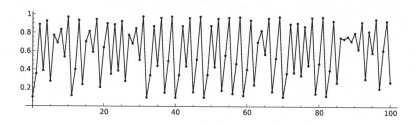

看起来是随机的。当然，它肯定不是！每个值都是由函数 $f(x)=3.9x(1-x)$ 从前一个精确值计算而来的。这个逻辑映射的迭代从未"稳定"成一个精细的模式。这种不规则性会永远持续。

好吧。迭代不会变得有规律，但系统100%是可预测的。

- 我们知道初始状态，$x=0.1$。
- 我们知道从一个状态到下一个状态的转换规则：$x \rightarrow 3.9x(1-x)$。

这意味着我们可以，比如说第1000次迭代之后，精确地计算出系统的状态。是这样吗？

错。

我们受到两个问题的综合影响：舍入误差和对初始条件的敏感依赖。下面让我们依次进行讨论。

当我们在计算器或电脑上进行计算时，我们看到的结果往往是一个近似值。例如，当我们计算 $1 \div 3$ 时，我们的设备将答案报告为小数

0.3333333。正确答案有无限多的3，但计算器只保留少数几个数字。执行函数$f(x)=3.9x(1-x)$的若干次迭代之后，数字在小数点右边的十几个位置后消失。这意味着经过若干次迭代后，计算机会报告一个并不精确的答案：一个近似值。通常我们不太在意这样的错误。如果我们试图计算需要多少油漆来覆盖一定的墙面空间，计算器可能会报出一个舍去了万亿分之一的答案，这是无关紧要的。那为什么在上述情况下四舍五入的误差却很重要？

这给我们带来了下一个问题：对初始条件的敏感依赖。我们用两个不同的，但几乎相等的起始值计算函数的迭代：0.1和0.10001。直觉上，我们预计起始值的微小差异是微不足道的。是这样吗？见下表。

n	$f^n(0.1)$	$f^n(0.10001)$
起始	0.1	0.10001
1	0.351	0.35103119961
2	0.8884161	0.88845235639
3	0.386618439717	0.386508590577
4	0.924864024972	0.92476682995
5	0.271013185108	0.271335246678
6	0.770503650563	0.771078479294
7	0.689628322626	0.688414186448
8	0.834760287106	0.836550367946
9	0.537948645688	0.533262014357
10	0.969383611133	0.970685189764
11	0.11574819984	0.110976263335

n	$f^n(0.1)$	$f^n(0.10001)$
12	0.399167160889	0.384776076015
13	0.935347680371	0.923221444631
14	0.235842349062	0.276446074336
15	0.702860868258	0.780092205049
16	0.814505125705	0.669038591017
17	0.589237451031	0.863561223513
18	0.943943041601	0.459510623354
19	0.206366845676	0.968606380477
20	0.638740325658	0.118591434686

注意，对于前十几次迭代，从0.1开始的系统和从0.10001开始的系统几乎一致。然而之后，它们的后续轨迹是相当不同的。通过在同一个图上绘制两个演变图可以很好地说明这一点。实线是从0.1开始的系统，虚线是初始状态为0.10001的系统。

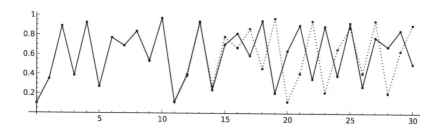

f^{1000}（0.1）的值是多少？也就是说，如果我们从$x=0.1$开始执行1000次$f(x)=3.9x(1-x)$的迭代，结果是什么？

我们可以在电脑上做这个计算，但结果毫无意义。为了说明这个事实，我们使用不同的精

度等级（计算机用于数字的位数）进行了三次计
算，得到以下结果：

精度等级	f^{1000}的值（0.1）
标准	0.967077
双倍	0.395498
四倍	0.425983

很可能这些都不是f^{1000}（0.1）的正确值。

最后的努力：计算机可以以任意准确度工
作。也就是说，我们可以要求从一个迭代到下一
个迭代都不四舍五入。但是当我们这样做的时候
会发生什么：

迭代 (n)	f^n(0.1)
起始	0.1
1	0.351
2	0.8884161
3	0.386618439717081
4	0.9248640249724621386134396738121
5	0.2710131851083763662000140866401248824984463548094469784701850001

f^6（0.1）的确切值是127位数字，f^7（0.1）
的确切值是255位数字。这个模式表示f^n（0.1）
的位数在每次迭代中大致加倍。没有足够容量的
电脑来计算f^{1000}（0.1）。

这将我们引到了哪里？虽然我们知道系统的
起始点以及从一个状态到另一个状态的规则，但
我们无法弄清1000步之后的系统状态。可以证明
f^{1000}（0.1）介于0和1之间，所以我们或许会问：

f^{1000}（0.1）大于$\frac{1}{2}$的概率是多少？

这个问题的答案是0或1，因为这里没有任何随机性。或者f^{1000}（0.1）$>\frac{1}{2}$，或者f^{1000}（0.1）$\leq\frac{1}{2}$。没有可能，没有随机性。

这个简单的系统是混乱的。它绝对是具有确定性并完全不可预测的。

有许多数学系统表现出混乱的状态，其中许多来自现实世界的模型，比如天气。

科拉茨 3x+1 的问题

到目前为止，本章只考虑了逻辑映射的迭代。我们以一种相当不同的函数和一个棘手的、悬而未决的迭代问题结束本章。

逻辑映射是由一个简单的代数公式给出的函数。但是，函数还可以通过其他方式进行定义。我们现在考虑的函数F只是为正整数定义的，并由以下规则定义：

$$F(x)=\begin{cases}3x+1 & \text{如果}x\text{是奇数}\\ \dfrac{x}{2} & \text{如果}x\text{是偶数}\end{cases}$$

这个函数涉及两个简单的代数公式，但是我们调用的公式取决于x是偶数还是奇数。

举几个例子：

- F（9）=28。数字9是奇数，所以我们应用公式$3x+1$来计算$3 \times 9 + 1 = 28$。

- $F(10)=5$。数字10是偶数，所以我们应用公式$\frac{x}{2}$，得到$10/2=5$。

当x是奇数时，$F(x)$是一个正整数。而且，当x是偶数时，等于$\frac{x}{2}$的$F(x)$也是正整数。

简而言之：如果x是一个正整数，那么$F(x)$也是正整数。

这意味着我们可以迭代F，因为F的输出是F的有效输入。让我们来说明如果从$x=12$开始迭代，F会发生什么。

- $F(12)=6$，因为10是偶数。
- $F^2(12)=F(6)=3$，因为6是偶数。
- $F^3(12)=F(3)=10$，因为3是奇数，所以我们使用$3x+1$公式。
- $F^4(12)=F(10)=5$。

这是一个简便的说明迭代的方式。我们写$12 \rightarrow 6$表明将F应用到12的结果为6。现在我们可以跟踪F的迭代，如下：

$12 \rightarrow 6 \rightarrow 3 \rightarrow 10 \rightarrow 5 \rightarrow 16 \rightarrow 8 \rightarrow 4 \rightarrow 2 \rightarrow 1 \rightarrow 4 \rightarrow 2 \rightarrow 1$。

注意模式$4 \rightarrow 2 \rightarrow 1$重复。如果我们继续往下会怎样？由于$F(1)=4$，$F(4)=2$，$F(2)=1$，接下来的三项也是4，2和1。

换句话说，如果迭代序列到1，之后的模式将永远是4，2，1，4，2，1，4，2，1，…。

让我们尝试一个不同的起始值，比如9，我们得到：

9→28→14→7→22→11→34→17→52→26→13→40→20→10→5→16→8→4→2→1。

这里有一系列令人印象深刻的迭代：

27→82→41→124→62→31→94→4→142→71→214→107→322→161→484→242→121→364→182→91→274→137→412→206→103→310→155→466→233→700→350→175→526→263→790→395→1186→593→1780→890→445→1336→668→334→167→502→251→754→377→1132→566→283→850→425→1276→638→319→958→479→1438→719→2158→1079→3238→1619→4858→2429→7288→3644→1822→911→2734→1367→4102→2051→6154→3077→9232→4616→2308→1154→577→1732→866→433→1300→650→325→9767→488→244→122→61→184→92→46→23→70→35→106→53→160→80→40→20→10→5→16→8→4→2→1。

序列最终达到1，但需要超过100次迭代。

科拉茨$3x+1$猜想指出，无论初始正整数x是多少，迭代序列$x→F(x)→F^2(x)→F^3(x)→$最终达到1，然后的模式永远是4，2，1。

尽管这个问题受到专业和业余数学家们的广泛关注，但仍然没有得到证实。

第265页问题的答案：已知$f(x)=x^2+1$且$g(x)$
$=1+x+x^2$，得

$$g(f(2))=g(2^2+1)=g(5)=1+5+5^2=31。$$

22. 社会选择与阿罗定理

民主是根据社会成员的意见做出决定的过程。它是通过让个人有机会表达他们的偏好（通过投票），然后结合这些个人喜好做出决定来实现的。

两党选举

这个过程中最熟悉的例子是两个候选人竞争同一个职位的竞选。社区成员为两位候选人投票，获得最多选票的人获胜。

关键在于：得票最多的人获胜，这是建立民主社会的基石，但这是否公平？

想象一下，竞选公职的两位候选人为A和B。我们提交的投票很简单：选民标记他们喜欢的其中一位候选人。如果有n个选民，我们收集的数据如下所示：

一个更为复杂的选票制可能会让选民表明他们对一个候选人的喜爱程度。我们使用短语偏好概况（preference profile）来表示个人偏好的集合。

选民	#1	#2	#3	……	#n
偏好	A	A	B	……	A

我们如何将这种偏好概况转化为一个决定？通常的方法是统计有多少人喜欢A，多少人喜欢B。选举的获胜者是获得选票最多的候选人。我们把这种方法称为多数投票制（majority），这是民主社会的选择方法。但是，这不是将偏好概况转换为决定的唯一可能的方法。让我们看看一些其他方法。

独裁者（dictator）方法认为选举的结果是一个特定个人的偏好，比如选民＃1的偏好。如果＃1更喜欢A，则A获胜，但如果＃1更喜欢B，则B获胜。其他人的意见无足轻重。

我们将多数投票制和独裁者方法称为决策方法（decision methods）。两者都输入偏好概况，然后输出一个决定。在现实世界中，这两种方法都被使用。但总的来说，我们认为独裁者方法是不公平的。为什么？

一种决策方式如果被认为是公平的，应该满足某些属性。独裁者方法令人反感的方面是没有平等对待所有选票。更正式地说，一个公平的决策方法应该表现出选民的中立性——这只是一种高级的表达方式，用以说明谁持有哪种偏好并不重要，重要的是分别有多少选民持有各个偏好。多数投票制决策方法满足了选民中立性（voter neutrality），但独裁者方法没有。

如果我们只使用选民中立的决策方法，那么只要统计出每个候选人获得的支持票数，我们就可以总结出偏好概况。偏好概况可以用图表显示

重要的是不要将决策方法（如多数投票制）与这些方法可能具有的属性（如选民中立性）相混淆。

如下：

A	B
23	17

这里介绍另一种我们称为按字母顺序（alphabetical）的决策方法。在这种方法中，候选人的姓名按照字母顺序排列，排在第一位的是获胜者。这意味着，在上图A对决B的选举，A是赢家。

注意，独裁者方法满足了候选人中立性。

显然这个决策方法是不公平的，为什么？它满足了选民中立性：它完全无视每个人的偏好，对待所有选民一视同仁！问题在于，它没有平等地对待候选人。我们说，当候选人被同等对待时，该决策方法便满足了候选人中立性（candidate neutrality），改变候选人的姓名不应该影响结果。

我们的公平感导致我们要求决策方法应该表现出选民中立性和候选人中立性。就这些吗？

这是另外一个我们称之为奇数人投票制（odd）的决策方法：获得选民支持数为奇数的候选人为胜利者。所以如果A的支持选民有20个，而B有13个，则B是赢家。这种方法同时满足选民中立性和候选人中立性。

或者考虑一下少数投票制（minority）的方法：获得选民支持数最少的候选人胜出。所以，如果支持A的选民有12个，支持B的有30个，那么A就赢了。这种方法也同时满足选民中立性和候选人中立性。

选民中立性和候选人中立性这两个属性摒除了一些不公平的决策方法（如独裁者和按字母顺序），一些愚蠢的方法（如奇数人投票制）却满足了这两个要求。所以让我们介绍另一个方法，可以帮助我们区分明智的方法（如多数投票制）和愚蠢的方法。

下面奇数人投票制决策方法存在的问题。假设偏好概况如下所示：

A	B
15	10

概况I

按照奇数人投票制的决策方法，A是获胜者。

现在让我们假设其中一个选民改变主意，从偏好B（失败者）转变为偏向A（获胜者）。只有这一个选民改变了意见，其他人的喜好不变。新的偏好概况如下：

A	B
16	9

概况II

按照奇数人投票制的决策方法，B变成了获胜者。

这很奇怪：如果一个选民改变他/她的意见，从偏好失败者转变为偏向获胜者是不应该损害获胜者的，现在却发生了这种情况。奇数人投票制

下面是一个关于单调性的正式陈述。如果一个决策方法满足单调性，意味着如果该方法从给定的偏好概况宣布了一个获胜者X，并且如果一个选举人将他/她的偏好从失败者转变为X，然后形成一个新的偏好概况（只有这一个改变），那么在新的偏好概况中，决策方法必须选择X作为赢家。换句话说，将一个选民的偏好从失败者转变为获胜者不会损害获胜者。

的决策方法违反了单调性（monotonicity）。

奇数人投票制的决策方法还有一个问题。如果选民是偶数会怎么样？可能有以下两种情况：

A	B		A	B
18	12		17	13
第一个			第二个	

对第一个偏好概况应用奇数人投票制不会产生获胜者，而将其应用于第二个偏好概况则会产生两个获胜者。无论哪种方式，都是平局。

如果一个决策方法避免了平局，那么选民的集体意见就能保证做出明确的决定，这种方法是可取的。一些决策方法（如独裁者）不会产生平局。

但如果选民数量平均分配，同时满足选民中立性和候选人中立性的决策方法必定产生平局。

因此，如果我们要求决策方法同时满足*选民中立性*和*候选人中立性*的话，我们必须接受这样一个事实，即如果有一半的选民偏好一个候选人，而另外一半选择另一个候选人，则必定产生

	选民 中立性	候选人 中立性	单调性	几乎具有 决定性
多数投票制	是	是	是	是
少数投票制	是	是	否	是
独裁者	否	是	是	是
按字母顺序	是	否	是	是
奇数人投票制	是	是	否	否

投票方式及其属性

平局。多数投票制决策方法就是如此。

但是，多数投票制只有在这种情况下才无法选出唯一的获胜者。我们说多数投票制几乎具有决定性，意味着它总是选择唯一的获胜者，除非在选民的偏好平分秋色的情况下。

少数投票制也总是具有决定性的（但不具备单调性）。

我们已经确定了决策方法的四个属性，这些属性反映了我们的公平感。一个公平的决策方法应该是满足选民中立性、候选人中立性、单调性，且几乎具有决定性。令人高兴的是，多数投票制满足了这四个属性。上表总结了我们迄今为止所考虑的所有投票方式所具有的属性。

但也许还有一个可行的选择。是否有另外一种同时具有这四个属性的决策方法？

答案是没有。1952年，肯尼斯·梅（Kenneth May）证明，多数投票制是唯一满足选民中立性、候选人中立性、单调性，且几乎具有决定性的决策方法。

由于技术上的原因，独裁者几乎具有决定性，因为永远不会产生平局。

超过两名候选人的选举

多数投票制是一种结合个人的意见来做出决定的公平方式，是有严谨的数学逻辑支撑的。对于两党选举，梅的定理表明这是唯一合理的选择。

在上一节中，我们只考虑了产生一名获胜者的选举。而从一大批候选人中选出两个或两个以上的获胜者的情况并不罕见。最常见的例子是学校董事会的选举。

如果有两名以上的候选人，情况就会有很大的变化。我们希望在选举多名候选人的时候也有一种类似多数投票制的方法。

让我们从选民表达自己偏好的方法开始吧。当有三个（或更多）候选人时，我们假设每个选举人都按照喜好顺序对候选人进行排序。在这种情况下的偏好概况看起来像下面的图表这样：

我们将尽可能保持简单。我们可以想象，选民更喜欢将A作为首选，对B和C的态度没什么区别，但真的很鄙视D。我们的希望是这个选民对候选人进行排序，而不是提供一个用来表明喜好程度的机制。数学家们的确考虑了更复杂的明确选民概况偏好的方法，但我们将坚持简单的排序方法。

选民	#1	#2	#3	……	#n
第一选择	A	A	B		D
第二选择	B	C	A		A
第三选择	D	B	D		B
第四选择	C	D	C		C

和以前一样，我们希望找到一种决策方法，输入偏好概况，输出获胜者。

例如，独裁者方法宣布选民#1的首选候选人是选举的胜利者，则胜利者将是候选人A，其他选民的意见都被忽略了。

独裁者的方法不能满足选民中立性（但确实满足候选人中立性）。由于（大概）我们只想考虑选民中立性方法，所以可以通过计算每个偏好顺序各获得多少票数来报告偏好概况。例如，如果有三个候选人，偏好概况假设如下：

如果有k个候选人竞选职位，则偏好概况将有k!列；见第10章。

A	A	B	B	C	C
B	C	A	C	A	B
C	B	C	A	B	A
8	12	3	11	9	0

　　在这个概况中，20人将A作为他们的首选，14人更喜欢B，9人认为C是最好的选择。我们应该用什么方法来选择获胜者？

　　当有两个候选人时，可以选择多数投票制。如果有三名或更多的候选人，且如果有一半以上的选民有相同的首选，则结果将是大多数人的意见。事情不一定如此，所以把多数投票制扩展至这个更普遍的设置是有问题的。另外，多数投票制不考虑选民的第二或更次级的选择。让我们看看为什么这很重要。假设以下是偏好概况：

A	A	D	D
B	B	B	B
C	D	D	C
D	C	A	A
12	12	10	10

　　注意，超过一半的选民将A作为他们的首选。是否证明选择A是"最好的"选择？我们所说的"最好的"意味着什么？这些不是数学问题，但我们的价值观可以指导如何发展公平的概念。为了说明这一点，假设候选是餐馆，选民是选择聚餐场地的上班族。下面是更多关于餐馆的信息：

餐馆	描述
A	牛排屋
B	丰富的自助餐
C	印度菜
D	希腊菜

　　问题变得更清楚了。大多数上班族（24人）都喜欢吃牛排，但是很多人（20）非常讨厌这种选择。后者喜欢将印度菜或希腊菜作为他们的首选。

　　我们所看到的是，办公室里的每个人都把自助餐厅作为他/她的第二选择。这似乎是一个很好的让步，一个聪明的老板可能会选择在这里进行聚餐。是否有可能建立一种能够在选举中得出同样结论的决策方法？

偏好概况与投票制

　　我们没有讨论选民*如何*表达自己的喜好，我们只是假设我们知道每个选民如何对候选人进行排序。偏好概况是对所有选民的排名统计。

　　在典型的选举中，投票制只允许选民选择一个候选人，它没有给选民提供候选人排序的方式。如果决策方法是简单多数票法（plurality），那么这种方法才有意义，因为这种方法只考虑选民的第一选择。

　　有时投票制允许选民选出不止一名候选人。如果决策方法是投两人票制（vote-for-two），那么选民需要报告他们的前两个选择，他们不需要区分自己更喜欢哪个候选人。

　　在这一章中，我们假设每个选民都有一个优先顺序，并使用选票获取关于选民偏好的足够信息以适应所使用的决策方法。所以

> 对于独裁者的方法，我们不必费心收集任何人的选票（除了独裁者！），但波达计数法（Borda）（在第292页中描述的）需要所有选民完整地填写排序。
>
> 　换句话说，一旦我们决定了所使用的决策方法，我们就会设计一种选票制度以便从选民那里获得足够的信息来应用这种方法。

选择多名候选人的决策程序烦琐。虽然多数投票制是两党选举的理想方案，但这并不是一个更普遍的选择，因为通常情况下，没有一个候选人将成为选民人数超过50%的首选，正如我们列举的餐馆例子，因为不清楚这个选择是否是真正"正确"的决定。

所以让我们来介绍一些决策方法，然后尝试找出最佳方案。我们将使用下面这个选民概况来说明三种方法的机制。

A	C	B	A	B
C	B	A	B	C
B	A	C	C	A
4	2	1	2	4

三种方法的偏好概况

- 简单多数票法。这可能是我们最熟悉的方法。我们选择大多数选民的首选为获胜者。我们不要求获胜者拥有超过一半的选票。对于上面的偏好概况，我们注意到A是大多数选民（6票）的第一选择，其次是B（5票），最后C（2票）。因此，将多数票法应用于此偏好概况，我们将宣布A是获胜者。

- 投两人票制。简单多数票法的一个问题是，它只关注选民的首选而忽略了选民的偏好。投两人票制方法计算每个候选成为选民首选或第二选择的次数。对于上一页图表的偏好概况，我们得到以下结果：

  - A获得6＋1＝7票（六次第一名和一次第二名）。

  - B获得5＋4＝9票（五次第一名和四次第二名）。

  - C获得2＋8＝10票（两次第一名和八次第二名）。

  因此，当我们使用投两人票制时，C获胜。

- 波达计数法。简单多数票法的决策方法并不能相信选民的第二选择，而投两人票制的选择过于关注第二选择，令其权重和首选同样重要。波达计数法是这两者之间的让步。在这种方法中，每个候选人排第一时可以得到2分，排第二名时得1分，最后一名不得分。将所有分数累计，得分最多的候选人获胜。

  我们来分析对于上面问题的偏好概况，波达计数法是如何计算的。

  - 候选人A是6人的首选，是1人的第二选

这种方法是以18世纪的法国数学家让 - 查尔斯·波达（Jean - Charles de Borda）命名的。

在波达计数法中，如果有四个候选人，那么排名第一得3分，排名第二得2分，第三得1分，最后一名得0分。五个名次对应的值分别是4，3，2，1和0。注意，在两个候选人的情况下，波达计数法与多数投票制相同。

择。因此，得分为A→6×2＋1×1＝13。

— 候选人B是5人的首选，4人的第二选
择。因此，得分为B→5×2＋4×1＝14。

— 候选人C是2人的首选，8人的第二选
择。因此，得分为C→2×2＋8×1＝12。

我们看到，按照波达计数法，B是获胜者。

以下是所使用的方法和所得结果的总结，所
有这些都是针对相同的偏好概况：

方法	获胜者
简单多数票法	A
投两人票法	C
波达计数法	B

出现上面这种情况是不幸的。很难发现这些
方法中的任何一个存在荒谬性（如奇数人投票制
或少数投票制方法）。所有这三种方法都符合选
民中立性、候选人中立性和单调性的公平标准，
所以我们不能用这些属性中的任何一种来认定这
些方法是无效的。也许我们可以找到另一个公平
标准来指导我们选择出"最佳"决策方法。

不相关备选方案的独立性

我们提出的最终公平标准被称为不相关
备选方案的独立性（independence of irrelevant

alternatives）。这比我们以前提出的标准更技术化，这里做一个粗略的类比。

想象一下，你的朋友在餐厅用餐后要点甜品。选择有蛋糕、派或冰激凌。你的朋友点了冰激凌，但下了订单后，服务员告诉她："哦，看起来派已经没有了。"此时，你的朋友说："那样的话，我点蛋糕吧！"

这有任何意义吗？如果冰激凌是你朋友的首选（从蛋糕、派和冰激凌之中），那么餐厅没有派的事实应该是无关紧要的。我们在这里假设你的朋友改变主意是因为派没有了（而不仅仅是优先级的突然改变）。我们可能会质疑你朋友的智商！

我们应该期待决策方法具有理智性。假设决策方法声明 X 是某个偏好概况的胜出候选人。现在想象一下，另外一个候选人 Y 说退出竞选（没有选民改变他/她的偏好）。在这种情况下，X 应该仍然是获胜者。这种方式的决策方法被认为是满足不相关备选方案的独立性。

我们来考虑一下简单多数票法。对于前面案例的偏好概况，简单多数票法宣布A是胜利者。现在假设C退出比赛。偏好概况如下所示：

A	C	B	A	B
C	B	A	B	C
B	A	C	C	A
4	2	1	2	4

⇒

A	B	B	A	B
B	A	A	B	A
4	2	1	2	4

⇒

A	B
B	A
6	7

现在B变成了获胜者！多数票法不能满足不相关备选方案的独立性。

也许投两人票法更好。对于我们一直在研究的偏好概况，投两人票法选择C作为获胜者。如果A退出比赛，会发生什么？只剩下两名候选人了！这意味着我们有一个平局。试着创建一个有四个候选人（A，B，C和D）的偏好概况，投两人票法表明A是胜利者，但是当D退出时，则B是胜利者。答案在第297页。

最后，让我们考虑一下波达计数法。它宣布B成为这个偏好概况的赢家，但是如果和以前一样，C退出，那么A变为了获胜者。

我们提出的三种方法都无法满足不相关备选方案的独立性。

不用担心！人们提出了更多的决策方法。毫无疑问，其中某个方法能够满足不相关备选方案的独立性。例如，独裁者方法满足这个条件。（如果A是选民＃1的第一选择，那么不论另一个候选人是否退出A依然是获胜者。）当然，独裁者方法并不是一个可以接受的选择，因为它违背了选民中立性。

不过，有必要问一下：有什么公平的决策方法可以满足不相关备选方案的独立性？肯尼斯·阿罗在1950年发现了确切的答案。不幸的是，最终的答案是：没有。

阿罗不可能定理存在一点技术性，但是这意味着当有三个或更多候选人时，没有一种决策方法能够满足这些基本的公平标准。

我们接下来干吗？鉴于没有"公平"的决策方法，我们应该选择哪一个？或者不相关备选方案的独立性是不相干的？也就是说，选择不符合这个标准的决策方法是否有害处？

采用不符合不相关备选方案的独立性的决策方法的问题是，它可以鼓励选民报告与他们的偏好不同的排名。这种情况发生在存在"破坏者"的情况。假设你喜欢候选人A和B，但是确实厌恶C。你对A有偏好，但是你怀疑（从新闻报道中）A没有太多获胜的机会。但是，B和C都是强有力的候选人。谁会成为你的首选？在多数票法（和其他方法）中，尽管A是你的首选，但投票给A可能是不明智的。从本质上讲，A拿走了你给B的选票。

如果A继续参加竞选，而那些和你想法一样的人将票投给了A，那么可能会使B的选票大大减少，使C成了最终的获胜者。但是如果A退出竞选，你的投票将转给B，或给B更多赢得胜利的机会。

如果选举所使用的决策方法满足不相关备选方案的独立性，你将不会面对这个困境。你可以准确地填写你的偏好，因为你知道将A排在B前不会"浪费"你的选票。

证明投两人票不能满足不相关备选方案的独立性。

假设偏好概况如下：

A	A	B
B	D	C
C	B	D
D	C	A
5	5	4

按投两人票决策方法分数如下：

候选人	A	B	C	D
第一名	10	4	0	0
第二名	0	5	4	5
总票数	10	9	4	5

我们看到A赢得了这次选举。

现在假设D退出竞选。偏好概况现在看起来像这样：

A	A	B
B	B	C
C	C	A
5	5	4

现在按投两人票决策方法A得10票，B得14票，C得4票，B是胜利者。

从本质上讲，D是一个破坏者，从B（第二栏）中抢走了票。

因此，最初A是胜利者，但当"不相关的备选方案"D退出时，胜利者变为了B。这表明投两人票不能满足不相关备选方案的独立性。

23. 纽科姆悖论

人类的行为是可以预测的。事实上，从经济学到文化人类学的许多社会科学都依赖于现实中的人类活动模式，并能够预测人类的行为（尽管具有不同程度的确定性）。

在本章中，我们介绍纽科姆悖论，它把人类行为的预测变成了一个令人费解的悖论。

这个难题是由威廉·纽科姆（William Newcomb）设想的，首次出现于罗伯特·诺齐克（Robert Nozick）的一篇学术文章中。得益于马丁·加德纳（Martin Gardner）在《科学美国人》（*Scientific American*）的常设专栏，纽科姆悖论获得了更多的关注。

纽科姆的游戏

纽科姆悖论是一个涉及两个角色的游戏：预测者和选择者。在这个游戏中，选择者有两个涉及赢钱的选项。然而，在做出决定之前，预测者要猜测选择者的行为。为了让选择更加个性化，请读者想象一下自己正在扮演选择者的角色。

想象一下，在你面前有两个箱子，箱子＃1和箱子＃2。这些箱子是不透明的，所以你不知道里面有什么。不过，我们保证箱子＃1里有1000美元。对于箱子＃2来说，情况不同，它里面可能有

100万美元，也可能是空的。情况如下所示：

箱子＃1	箱子＃2
$1000 保证	$1,000,000 或$0

　　稍后我们将解释它在什么情况下是空的，什么时候里面有100万美元。首先，我们让你选择。轮到你的时候，你可以选择做出下面任何一个举动：

- 拿走两个箱子。
- 只拿走箱子＃2。

　　而当我们说"拿走箱子"的时候，我们的意思当然是说你拿到了这笔钱。

　　然而，选择者并不是一开始就做决定。在做出决定之前，预测者试图弄清楚你要做什么。我们设想预测者是一位极具天赋的心理学家，多年来一直默默地观察你，可以远程测量你的心率和排汗量，根据所有这些输入，可以很好地预测你的行为。我们应该先说明，一般情况下预测者并非绝对可靠，因为这不现实。不过现在，让我们说预测者很靠谱，我们的意思是，他的预测的正确率为95%。

　　现在让我们来解释一下这些箱子是如何装入现金的。如所承诺的那样，箱子＃1包含1000美元。箱子#2里的钱取决于预测者对你行为的预测。如果预测者认为你将拿走两个箱子（这是你

或许你认为95%的准确度过高了。没关系，稍后我们会将准确度降低到51%，这不会影响结果。所以，现在请接受95%这个准确度。

的权利），那么箱子#2是空的。但是如果预测者
认为你只会拿走第二个箱子，那么这个箱子里就
塞满了100万美元。在表格中，预测者与箱子里的
钱之间的联系如下：

还有一个技术规则，我们
稍后会做解释。

预测者认为	箱子#2里会有
你只会拿走箱子#2	$ 1,000,000
你会拿走两个箱子	$ 0

让我们重新梳理一下。

1. 预测者进行预测：

- 如果预测者认为选择者（你）将拿走箱子
  #2，那么那个箱子里会有100万美元。
- 但是，如果预测者认为选择者将拿走两个
  箱子，则箱子#2里是空的。

2. 现在轮到选择者了。你可以做出以下一种
选择：

- 仅拿走箱子#2。
- 拿走两个箱子。

无论哪种情况，你都可以在你选的箱子里拿
到钱！

以下是我们想要分析的问题：

选择者应该怎么做才能获得最多的钱?

我们需要从一个表面看似乎是相同的问题来

辨别这个问题：在这种情况下你会做什么？我们
可以想象人们用以下方式回答：

- *我只会拿第二个箱子，我不想显得贪婪。*
- *我会拿两个箱子，那样的话我至少我会拿
  到一些钱。*

这些都是合理的想法，但都没能回答我们所
问的问题。它们不是（也并不试图成为）获得尽
可能多的钱的策略。但是，这是我们正在努力解
决的问题：你应该怎么做才能获得最多的钱？

这里还有一个答案，因为这也是一个合理的
想法，所以我们将对规则进行最后一点细微的变
更，使下面这个答案变得不再切实可行。

- *我会抛硬币来决定。*

这种做法会形成一点阻挠，因为预测者无法
预料抛硬币的结果。因此，我们稍微修改游戏，
规定必须是自己的决定。你不能让其他人为你选
择，不能抛硬币或随机抽取一张牌，或者其他任
何事情，只能依靠自己做决定。

归根到底：你应该做出什么样的选择才能从
这个游戏中获得最多的钱？

好消息是，这个问题有正确的答案。坏消息
是，答案不唯一。让我们看一下其中的缘由。

不要把钱留在桌子上！

毫无疑问，拿走两个箱子要比仅拿走箱子＃2好，至少能获得1000美元。记住：要由预测者先进行预测。虽然他或她几乎总是正确的，但是你不知道预测者做了什么。箱子＃2里或者有或者没有100万美元。如果你只拿第二个箱子，你可能会拿到也可能拿不到钱。但是，如果你拿走两个箱子，除了箱子＃2里的随机金额，还会有额外的1000美元。毫无疑问，后者能得到更多的钱。

如果你不想要额外的1000美元，没关系。把它捐赠给慈善机构！只是不要把它留在桌子上。

以下方式根据箱子＃2里是否有钱显示了你所做选择的结果。

箱子＃2的状态	仅选择箱子＃2	选择两个箱子
空	\$ 0	\$ 1000
满	\$ 1,000,000	\$ 1,001,000

现在非常清楚。不管预测者怎么想或者做什么，最好的选择永远是把两个箱子都拿走。

贪婪没有回报

你在等着玩这个游戏。一些朋友已经玩过了，做出了他们的选择。他们中的一些人注意到了上面提到的可靠的逻辑，并拿走了两个箱子。即使面对无可辩驳的推理，另外还有一些人决定只拿走箱子#2。结果会是什么？

合乎逻辑的理性玩家有1000美元的额外收入，但那些无视理性的人现在是百万富翁！虽然预测者也曾经猜错过，但是对于之前的其他玩家来说，预测是准确的。

现在轮到你了。

如果你同意前一节中的推理，你会拿走两个箱子。毕竟，你有什么理由不要额外的1000美元呢？如果你这样做的话，预测者很可能会预测到（因为你就是这样的人），而没有在箱子＃2里面放钱。太糟糕了，虽然你有一个非常好的安慰奖（1000美元），但没能成为百万富翁。

另一方面，如果你内心的活动是：预测者真的很准。我已经决定拿走箱子#2，然后有充分的理由希望预测者做出同样的预测。事实上，如果这是你做出的决定，你很可能会瞬间变得更加富有！

换句话说，只选择拿走箱子＃2的策略的玩家比"理性的"拿走两个箱子的玩家能获得更多的钱。证据是压倒性的：仅拿走箱子＃2更有可能获得巨大的回报，而拿走两个箱子更有可能只获得很少的奖金。

只拿走箱子＃2才是获得最大奖励的最佳方式！

我们可以用期望值的语言来重写这个论点。这是一个简单的方法，用来计算不同的策略（只拿走箱子＃2和拿走两个箱子）所得到的平均回报。我们稍后会回到预测者-选择者的游戏，但为了简单起见，我们设想一个"三位数"抽奖游戏。

在"三位数"抽奖游戏中，玩家每人购买1美元的彩票。消费者为每张彩票选择一个三位数的号码。当晚晚些时候会采用随机抽取的方式产生一个三位数。彩票上有同样三位数的人可以获得500美元的现金奖励。

我们的问题是：一张彩票的预期收益是多少？

一个明智的、通俗的答案是：零。我们正确猜出中奖号码的概率是千分之一，即0.1%。几乎总是（但不是绝对）输家。

但是当数学家询问预期收益时，他们的意思是：一张彩票的平均收益是多少？以下是计算过程。

如果收益为0的概率为0.999，收益为500美元的概率为0.001。因此，一张彩票的平均收益是

$$\$0 \times 0.999 + \$500 \times 0.001 = \$0.50$$

一张"三位数"彩票带来的价值平均只有50美分。

还有另一种思考方法，也能得到同样的结果。试想一下，彩票机构出售100万张"三位数"彩票。由于每张彩票售1美元，他们收取了100万美元。他们支出了多少钱？

当中奖号码被选中时，我们应该预见获奖者是千分之一。这意味着将有大约1000张中奖彩票，

并且该机构每人支付500美元。总支出是50万美元。按每张彩票计算，每张彩票的收益为50美分。

让我们把这个分析应用到纽科姆游戏中。作为选择者，我们可以只拿走箱子#2或者拿走两个箱子。每种情况下的预期收益是多少？

- 如果我们只拿走箱子#2，预测者的正确预测率为95%（并把100万美元放进箱子），错误率为5%（让箱子空着）。因此，预期的收益是

$$\$1,000,000 \times 0.95 + \$0 \times 0.05 = \$950,000$$

- 如果我们拿走两个箱子，同样预测者的正确预测率为95%（让箱子#2空着），错误率为5%（把一百万美元放进箱子#2）。在这两种情况下，选择者都会得到箱子#1里的1000美元。预期收益是

$$\$1000 \times 0.95 + \$1,001,000 \times 0.05 = \$51,000$$

现在非常清楚。获得最大奖励的最佳方式是只拿走箱子#2。

矛盾和解决

我们现在得出了两个必然的结论。一、拿两个箱子更好（为什么把钱留在桌子上？）。二、

只拿走箱子 #2更好（如果你这样做，你更有可能成为百万富翁）。这怎么可能呢？二者不可能都是对的！

矛盾产生了，我们以前处理过矛盾。在第一章中，我们创建了一个数字N，它既（a）可以被一个质数整除，又（b）不能被一个质数整除。当然，这是不可能的。是错误的假设导致我们推断出了一个矛盾。事实上，我们故意假设质数是有限多的，而这种假设使我们得出了一个不可能的结论。由于这个结论是不可能的，因此这个假设是错误的。如果质数的数量是有限的，那会导致彻头彻尾的荒谬。因此质数是无限多的。

对于纽科姆悖论，我们没有明确地做出任何假设，但实际上有两个假设。

首先，有一个选择者。选择者有可能做出这个决定吗？有人可能会质疑人类是否有自由的意志。事实上，对这个古老的哲学问题给出明确的答案或许是不可能的（我们也不会在这里尝试）。

顺便说一句：你具备自由的意志。我不清楚为什么你会认为自己不具备！

其次，有一个预测者。预测者能否准确预测人类的行为？非常清楚的是，人类的行为总和是可以被精准预测的。但在这场游戏中，预测者试图确定个人的行为，这是一种截然不同的情况。95%的准确率似乎过高了。

现在有趣的部分来了：当我们说预测者的准确率为51%时，矛盾并不会消失！"不要把钱留在桌上"的论点仍然有效。以下是预期值的论点：

- 如果只拿走箱子＃2，你的预期回报是

  $\$1,000,000 \times 0.51 + \$0 \times 0.49 = \$510,000$

- 如果你拿走两个箱子，你的预期回报是

  $\$1000 \times 0.51 + \$1.00001 \times 0.49 = \$491,000$

即使预测者只有51%的准确率，你还是最好只拿箱子＃2！因为篇幅的原因，所以无法对这个论点心理上的吸引力进行充分说明，但结果仍然表明，选择箱子＃2优于拿走两个箱子。

这里又包含两个隐藏的假设：

- 选择者有自由意志。
- 预测者的准确率达到51%（或更好）。

这表明自由意志和即便如此低的预测水平也是不相容的。

需要你解答的是：找到令矛盾消失的准确程度。也就是说，预测者预测的准确率为多少时两种选择（只拿走箱子#2和拿走两个箱子）的预期回报是相同的？答案见第309页。

通过改变两个奖金（1000美元和100万美元），我们可以将所需的水平调整为接近50%的值。

计算机作为选择者

让我们想象由一个计算机程序扮演纽科姆游戏中的选择者角色，而我们（人类）扮演预测者的角色。根据游戏规则，不允许通过抛硬币来做出决定，这意味着扮演选择者的电脑程序不允许进行随机选择。

在短时间内，计算机将会在只选择箱子＃2和拿走两个箱子之间做出选择。它会做什么？

事实上，大多数似乎包含随机性的计算机程序都使用伪随机数生成器。这是一些似乎能产生随机值的计算机代码，但事实上，它遵循确定性算法。参见第21章，了解确定性过程如何产生不可预知的结果。

事实证明，我们可以很容易地预测电脑的决定。我们需要做的是获得电脑程序的副本，在另一台电脑上运行，观察程序的运行。这将给出一个近乎完美的预测（除非在我们加载程序时出现问题或电脑运行出现某种故障）。然后，在实际玩游戏时，我们可以见证我们的预测成真。几乎没有例外的是，选择两个箱子的程序只能获得1000美元，而只选择箱子#2的程序能获得100万美元。

如果我们被要求设计一个计算机程序来玩这个游戏，我们的决定要非常清晰易懂。以下是程序：

- 输入（"我只拿箱子#2"）

当程序运行，我们的电脑获得了100万美元，我们很高兴。

没有理由做出拿走两个箱子的决定。因为计算机的行为是事先可知的（因为它纯粹是机械的），所以拿走两个箱子只能赚1000美元。

当人类扮演选择者的角色时为什么会产生矛盾，而电脑就不会呢？纽科姆悖论表明，如果我们有自由意志，那么预测者就不能准确地预测我们的行为。

第307页问题的答案：设 p 是预测者的正确预测率，预期回报如下

   只拿箱子＃2 → $1000000p$

   拿走两个箱子 → $1000p + 1001000（1-p）$

我们希望求出使这些数值结果相等的 p。也就是说，解方程式

$$1000000p = 1000p + 1001000（1-p）$$

用一点代数知识得

$$p = \frac{1001}{2000} = 0.5005$$

所以临界值为50.05%。

The Mathematics Lover's Companion
Copyright © 2017 Edward Scheinerman
Originally published by Yale University Press.

著作权合同登记号：18-2019-025

图书在版编目（CIP）数据

美丽的数学 /（美）爱德华·沙伊纳曼
（Edward Scheinerman）著；张缘译 . — 长沙：湖南科
学技术出版社，2020.6（2024.7 重印）
ISBN 978-7-5710-0088-2

Ⅰ. ①美… Ⅱ. ①爱… ②张… Ⅲ. ①数学—普及读
物 Ⅳ. ①O1-49

中国版本图书馆 CIP 数据核字（2019）第 001107 号

上架建议：科普

MEILI DE SHUXUE
美丽的数学

作　　者：[美]爱德华·沙伊纳曼（Edward Scheinerman）
译　　者：张　缘
出 版 人：张旭东
责任编辑：林澧波
监　　制：秦　青
策划编辑：张　卉
文字编辑：王远哲
特约编辑：陈江琦
版权支持：刘子一　文赛峰
营销编辑：吴　思
版式设计：李　洁
封面设计：左左工作室
出　　版：湖南科学技术出版社
　　　　　（湖南省长沙市湘雅路 276 号　邮编：410008）
网　　址：www.hnstp.com
印　　刷：三河市兴博印务有限公司
经　　销：新华书店
开　　本：700mm × 1000mm　1/16
字　　数：184 千字
印　　张：20.5
版　　次：2020 年 6 月第 1 版
印　　次：2024 年 7 月第 5 次印刷
书　　号：ISBN 978-7-5710-0088-2
定　　价：58.00 元

若有质量问题，请致电质量监督电话：010-59096394
团购电话：010-59320018